AF645721

Geognostische Versuche

von

Moritz von Engelhardt

und

Karl von Raumer.

Mit einer Charte
und einer illuminirten und einer schwarzen Steintafel.

Berlin,
in der Realschulbuchhandlung.
1815.

Vorrede.

Ich widme die Abhandlung über das Schiefergebirge dankbar den Herrn Becher, Cramer, Eversmann, Hardt, Hausmann, Hövel, Nöggerath, Omalius und allen, deren fleißige Arbeiten ich benutzte. Möchten sie sowohl, als überhaupt diejenigen Mineralogen, welche bekannt mit dem Gebirge sind das ich beschreibe, die Mängel dieser Abhandlung scharf herausheben und verbessern; möchten sie ergänzen wo ich Lücken ließ, ausführen was ich flüchtig skizzirte.

Die zweite Abhandlung, „über das Kreide- und Sand-Gebilde,“ gründet sich vorzüglich auf Untersuchungen, welche ich 1809, gemeinschaftlich mit Engelhardt, in der Gegend von Paris anstellte. Hierzu kamen Beobachtungen, die ich 1814 auf Kreutz- und Queerzügen in mehreren Departements des nördlichen Frankreichs, besonders im Aisne-Departement, zu machen Gelegenheit hatte. Engelhardt überließ mir die Darstellung unsrer Beobachtungen. Ich entwarf dieselbe zuerst 1809, arbeitete sie aber 1814 mit Benutzung der spätern Erfahrungen um, und fügte mehreres hinzu.

Daß wir bei gemeinsamen ganz in einander greifenden geognostischen Arbeiten, eine Auseinandersetzung dessen, was jeder von uns gethan hat, für unnütz, ja für unmöglich halten, habe ich schon früher erklärt. —

Eine Sammlung von 255 Stück, welche als Beleg der zweiten Abhandlung dient, ist gegenwärtig in einem Mineraliensaale der Universität Breslau aufgestellt.

Auf Brongniarts und Cuviers geognostisches Werk über die Pariser Gegend, beziehe ich mich oft, und setze voraus, daß meine Leser dasselbe kennen. In wie fern unsre Beobachtungen und Ansichten von jenem Werke abweichen, habe ich theils ausdrücklich erörtert, theils ergiebt es sich von selbst aus meiner Darstellung.

In conchyliologischer Hinsicht machen wir gar keine Ansprüche. Das Studium der Conchyliensammlung im Jardin des plantes führte uns zu keinem befriedigenden Ziele; eben so wenig das Lesen conchyliologischer Werke. Möchten schlichte wahrheitsliebende Männer naturgetreu diese Wissenschaft ausbilden, welche so sehr im Argen liegt.

Ueberhaupt ist unsre Abhandlung über das Kreide- und Sand-Gebilde nur als ein roher Versuch, als ein Beitrag zu künftigen bessern Werken anzusehen.

Wie denn wohl alles was bis jetzt über das nordfranzösische, nordteutsche, dänische und polnische Flözgebirge geschrieben worden ist, nur als fragmentarische Vorarbeit für einen kommenden Geognosten dienen dürfte, der die mannichfaltigen Formationen des Kreide- und Sand-Gebildes in ihrer ungeheuern Verbreitung durch einen großen Theil von Europa und selbst von Asien verfolgte, und in Ein Bild zusammenfaßte *). Als rückständige Mutterlauge des großen Gebildes werden ihm vielleicht die nordeuropäischen Meere erscheinen, welche entkräftet zur Felsenzeugung um so fruchtbarer an zahllosen Thieren sind, die eigenthümlichere Gestalten, ausgebildetere Organe und selbst beweglicheres Leben haben, als jene den Gebirgen einverleibten Embryonen der alten Welt.

Breslau, den 17ten Mai, 1815.

v. Raumer.

*) Vergl. Steffens geognostisch-geologische Aufsätze S. 130 rc.

Inhalt.

Seite

Zusätze.

Erklärung der Abkürzungen.

J. d. M. Journal des Mines.

Br. Essaî sur la géographie minéralogique des environs ns de Paris, par M M. G. Cuvier et Alex. Brongniart. 1 Paris 1812. 4to. Der Kürze wegen nenne ich öfters es nur Brongniart statt beider Verfasser.

E. B. Eigene Beobachtung.

I.

Das

Schiefergebirge

des nordwestlichen Teutschlands, der Niederlande und des nordöstlichen Frankreichs.

Ein geognostischer Versuch

von

Karl von Raumer,

Bergrath und Professor in Breslau.

§. 1.

Quellen.

Die Quellen dieser geognostischen Beschreibung sind:

1. Eigene Beobachtungen.
2. Geognostische Werke und Abhandlungen teutscher und französischer Mineralogen, welche ich zur Ergänzung meiner Beobachtungen benutzt habe.

§. 2.

1. Eigene Beobachtungen.

Ich habe einen Theil der Gegenden, welche gegenwärtiger Aufsatz begreift, theils mit Engelhardt, theils allein besucht.

Mit Engelhardt bereiste ich

1807 den Harz.

1808 gingen wir von Mainz auf Coblenz, Laach, Andernach, Bonn, in das Siebengebirge, dann zurück auf Bingen, weiter nach Creutznach, Oberstein und Birkenfeld.

1809 reisten wir von Mezières auf Rocroi, Fumay, dann längst der Maas bis Maastricht, weiter auf Aachen, Jülich, Cölln, Düsseldorf, Elberfeld, Hagen und Unna.

Allein besuchte ich

1813 den Harz, und ging von da über Cassel, Jesberg, Gießen nach Frankfurt am Mayn, weiter auf Wisbaden, Caub; dann

1814 über Bacharach und Stromberg nach Creutznach. In demselben Jahre ging ich hin und her reisend von Laon auf

Marle, Avesnes, Beaumont, Charleroi, Namur, Lüttich, Aachen ... Tirlemont, Löwen, Brüssel, Namur, Lüttich, Brüssel, Hal, Mons, Maubeuge, Avesnes, Laon ... Montcornet, Rumigny, Rocroi, Fumay, längst der Maas auf Maastricht, weiter auf Cölln, Soblingen, Elberfeld, Hagen, Iserlohn, Meschede, Brilon, Bredelaar und Arolsen.

§. 3.

a. Geognostische Werke und Abhandlungen über das Schiefergebirge.

Die geognostisch-geographischen Werke und kleinere Abhandlungen, welche ich benutzt habe, folgen hier nach dem Alphabet.

1. Sur les mines d'Alun du pays de Liège par *Baillet*. Journal des Mines No. 10.

2. Mineralogische Beschreibung der Oranien-Nassauischen Lande von Becher.
3. Blumenbachs Reisebemerkungen (über das westphälische Gebirge), aus dem Schlözerschen Briefwechsel in den 2ten Band von Klipsteins mineralogischem Briefwechsel aufgenommen.
4. Notice sur diverses recherches de houille entreprises dans le departement du Pas-de-Calais et specialement sur celles de Monchy-le-Preux près Arras; precédée d'un aperçu sur les terrains houillers du Nord de la France par *A. H. de Bonnard.* Journal des Mines No. 156.
5. Sur les mines de houille du Departement de Sambre et Meuse par *Bouesnel.* Journal des Mines No. 151.
6. Memoire statistique sur les richesses minérales du departement de Rhin et Moselle par *Timoleon-Calmelet.* Journal des Mines No. 148 und 149.
7. Extrait d'un rapport fait au conseil des mines sur la mine de plomb de Weiden, précédé d'un aperçu géologique de la vallée de la Nahe par *Calmelet.* Journal des Mines No. 146.

8. Suite du tableau des mines et usines de la republique par ordre des départements. Departement des Ardennes (par *Coquebert*). Journal des Mines No. 94.

9. Nachrichten von einigen merkwürdigen Fossilien aus den Gegenden am Rhein, an der Lahn, der Wiedbach und auf dem Westerwalde, vom Ober-Bergrath Cramer in Wisbaden. Molls Ephemeriden IV. 1.

10. Sur les mines de plomb du Bleiberg, departement de la Roer par *Dartiques*. Journal des Mines No. 131.

11. Description des houillères d'Anzin par *Daubuisson*. Journal des Mines No. 104.

12. Coup-d'oeil sur les anciens Volcans eteints des environs de la Kill supérieure, avec une esquisse géologique d'une partie des pays d'entre Meuse, Moselle et Rhin. Par *Dethier*. Auszug im Journal des Mines No. 155.

13. Die Eisen- und Stahl-Erzeugung auf Wasserwerken zwischen Lahn und Lippe, von Eversmann; nebst Charte.

14. Memoire du citoyen *Gendebien* sur les mines de houille des departements réunis,

extrait par *Villefosse*. Journal des mines No. 65.

15. Hardt Brief im 4ten Jahrgange von Leonhardts mineralogischem Taschenbuche.

16. Skizze zu einer Oryktographie des Harzes, von Hausmann. Im Herzynischen Archiv von Holzmann I. und II. Die Fortsetzung im 2ten Stück der nordteutschen Beiträge von Hausmann.

17. Geognostische Skizze von Süd-Niedersachsen, von Hausmann. Im 2ten Stück der nordteutschen Beiträge.

18. Geognostische Bemerkungen über die Gebirge in der Grafschaft Mark, von Fr. von Hövel.

19. Brief über das Gebirge der Allendorfer Gegend, von Hundeshagen. Im 3ten Jahrgange des mineralogischen Taschenbuchs von Leonhard.

20. Mineralogische, Berg- und Hüttenmännische Reisebemerkungen, von Jordan.

21. Mineralogischer Briefwechsel, herausgegeben von Klipstein.

22. Beobachtungen über das Harzgebirge, von Lasius.

23. Das Maynthal zwischen Hanau und Frankfurt,

von Leonhard. Im ersten Jahrgange von Leonhards mineralogischem Taschenbuche.

24. Nouveau voyage minéralogique fait dans cette partie du Hainaut, connue sous le nom de Thiérache par *Monnet*. Journal de Physique Tom. 25. (1784.)

25. Nöggerath Brief im 5ten Jahrgange von Leonhards Taschenbuch.

26. Orographische Briefe über das Siebengebirge, von Rose. 2 Theile.

27. Orographische Briefe über das Sauerländische Gebirge in Westphalen, von Rose.

28. Essay sur la Géologie du Nord de la France par *J. J. Omalius d'Halloy*. Journal des Mines No. 140. 142. 143. 144. Ich wünschte, daß meine Leser diese sehr schätzbare Abhandlung, welche ich vorzüglich benutzt habe, kennten, um zu wissen, was ich Omalius verdanke, worin ich mit ihm übereinstimme, und wodurch ich von ihm abweiche. Ich habe so genau als möglich citirt.

29. Note sur le gisement du Kieselschiefer dans plusieurs departemens septentrionaux de l'Empire francois, par *Omalius*. Journal des Mines No. 138.

30. Note sur le gisement de l'Anthracite nouvellement découvert par *Omalius*. Journal des Mines No. 125.

31. Rhode Brief über die Gebirge der Gegend von Brilon ꝛc. in Klipsteins mineralogischem Briefwechsel. Zweiter Band. Viertes Heft.

32. Rapport sur les mines situées dans le grand baillage de Trarbach par *Schreiber*. Journal des Mines No. 11.

Mehrere Notizen über die Gegenden an der Mosel und Kyll, hat mir Herr von Bonnard, Ingenieur des Mines, mündlich mitgetheilt.

§. 4.

Gränze des Schiefergebirges.

Die Gränze des großen Gebirgszuges, von welchem ich rede, zeigt die Karte an. Weiter unten (§. 18.) werde ich Rechenschaft von der Begränzung ablegen.

§. 5.

Gebirgsarten des Schiefergebirges.

Genaue Beschreibungen des Gebirgsgesteins verlangen genaues Untersuchen und genaues Sammeln. Beides war mir meist unmöglich, und ich konnte auf meinen Durchschnittsreisen nur auf das herrschende

Gestein meine Aufmerksamkeit richten, und von diesem wiederum nur die herrschenden Arten sammeln.

Ich werde darum nur kurz das Gestein charakterisiren, welches mir selbst als vorwaltend aufgefallen ist, und von Schriftstellern, welche einzelne Theile des Gebirgszuges beschrieben haben, ebenfalls als vorwaltend angegeben wird. Wegen seltnerer Vorkommnisse verweise ich auf jene Schriftsteller; Vorkommnisse, welche, da sie meist nur örtlich sind, meinem Zwecke nicht dienen, gerade das herauszuheben, was dem ganzen Gebirge vom Harz bis in Frankreich hinein, mehr oder minder gemeinsam ist.

§. 6.

Die Schiefer, und ihnen verwandte Gebirgsarten.

Schiefer herrscht vor allem andern Gestein in unserm Gebirge, welches ich deshalb nach ihm nenne. Vom schimmernden, bald dem Talk-, bald dem Glimmerschiefer sich nähernden, meist blaulich, seltner grünlich- und röthlich-grauen Dachschiefer der sich in die dünnsten Blättchen spalten läßt, geht das Gestein in einen gewöhnlich schmutzig grünlich-grauen thonigen Schiefer über, der nicht mehr in so hohem Grade spaltbar ist, ja sich oft nur in Platten von etwa $\frac{1}{4}$ Zoll Dicke und drüber theilt, die einen erdigen Queerbruch zeigen. Dieser thonige Schiefer verläuft sich zuletzt in gewöhnlich aschgrauen Schieferthon, an welchen sich Alaunschiefer anschließen, welche meist alaunhaltiger Schieferthon sind.

Mit den Schiefern wechselt nun mannigfaltiges Gestein, mit welchem sie verwandt sind.

1. Indem die Schiefer allmählig härter, quarzig werden, gehen sie in gemeinen Kieselschiefer und lydischen Stein über. Meist zeigen diese noch Spuren der schiefrigen Structur, und stimmen in der Farbe mit den Schiefern, aus denen sie sich entwickeln, überein.

2. Ueberwindet aber das quarzige Wesen die Schiefer ganz, so daß keine Spur der Structur und Farbe derselben übrig bleibt, so tritt reiner Quarz hervor.

3. In die schmutzig grünlich-graue Masse des thonigen Schiefers (sogenannten Grauwackenschiefers) finden sich Quarzkörner ein, und bilden die Grauwacke. Verfeinern sich die Körner und nehmen sie an Menge zu, so daß sie die thonige Grundmasse zurückdrängen, so wird die Grauwacke sandsteinartig; verfließen die Conturen der Körner in einander, so entsteht ein quarziger

Sandstein, welcher sich dem Quarzfels nähert*). Wachsen entgegengesetzter Weise die Körner der Grauwacke, da sich dann meist zum Quarz auch Stücke von Schiefer ꝛc. einfinden, so entstehen Conglomerate. Der Sandstein des Steinkohlengebirges unsers Gebirgszugs ist eine mürbere lockere Grauwacke, deren Körner selten über Nußgröße sind, und in welcher sich öfters Steinkohlenschmitze und vegetabilische Abdrücke zeigen.

4. Die Thonschiefer gehen in Grünsteinschiefer und Grünstein über. Füllt sich die Grünsteinmasse mit Kalkspathperlen, so entsteht der sogenannte Perlstein oder Blatterstein **).

5. Ob sich ein oryktognostischer Uebergang aus

*) Nordteutsche Beiträge IV. S. 73. Hierhin gehört wahrscheinlich der Sandsteinschiefer in Westphalen.

**) Dieser Blatterstein, den andere Mandelstein genannt haben, ist dem Gestein wie seinen Lagrungsverhältnissen nach verschieden

a) vom Mandelsteine des rothen Sandsteingebirgs, dessen Hauptmasse bräunlich-rother Eisenthon ist, und der außer Kalkspathmandeln, Quarzkrystalle, Agathe ꝛc. enthält.

b) vom Mandelsteine der Flötztrappformation, dessen Grundmasse Wacke.

den Schiefern in einen meist kleinkörnigen Granit verfolgen lasse, kann ich nicht sagen; da ich einen solchen im Erzgebirge fand, so darf ich ihn vermuthen *)

§. 7.

Kalkstein.

So erscheinen die Schiefer als ein Gestein, in welchem die Keime anderer Gebirgsarten schlummern, aus denen sich diese entwickeln; oder — mögte vielmehr der Oryktognost sagen — in welche sich die eigenthümliche Natur der Quarz-, Feldspath-, Glimmer- und Hornblende-Bildungen auflöst und verliert. In einem ganz andern Verhältniß stehen die Schiefer zum dichten Kalkstein, welcher nächst ihnen in unserm Gebirgszuge vorwaltet. Seine Natur ist durchaus verschieden von der Natur der Schiefer; er mengt sich aber mit ihnen, wechselt mit ihnen in dünnen Lagen, in Schichten, in mächtigen Lagern, bis er zuweilen Stücke Gebirge bildet, in welchen der Schiefer fast ganz unterdrückt ist.

Die Grundfarbe dieses Kalksteins ist grau. Aus

*) Der Granit findet sich außer dem Harze nur in den Ardennen. Von letzterem fehlt mir eine Charakteristik; den erstern beschreibt Hausmann, Nordteutsche Beiträge II. S. 58.

dem hellbläulich-Grauen zieht er sich ins Aschgraue, bräunlich-Graue, graulich-Schwarze bis ins Basaltschwarze. Ist der Basaltschwarze Kalkstein mit Kalkspathadern durchkreuzt, so hat er das Ansehn von lydischem Stein. Der Bruch ist gewöhnlich eben im Großen, feinsplittrich im Kleinen.

Häufig ist der Kalkstein bituminös, und stinkt wenn er gerieben oder erwärmt wird. Diese Eigenschaft hat besonders der Kalkstein, welcher in der Nähe von Steinkohlengebirgen streicht oder mit diesen wechselt.

Der hellbläulich-graue dichte Kalkstein geht zuweilen in einen sehr feinkörnigen späthigen, mehr weißlichen über. Braunspath von röthlich-weißer Farbe findet sich in großen Massen in dieser Kalksteinformation. Oefter noch ist er bräunlich-grau, feinspäthig und giebt gerieben einen starken Geruch wie Schwefelleber. Nur pulverisirt zeigt er Aufbrausen mit Scheidewasser. — Lydischer Stein und Hornstein bilden häufig Nieren im Kalkstein *).

*) Ich habe mich bei Beschreibung des Kalksteins wiederum an den Charakter der vorwaltenden Arten gehalten. Gelbliche und röthliche Tinten sind z. B. seltner, so auch flachmuschlicher und unebener Bruch.

Wie allgemein die beschriebenen Arten aber vorkommen,

Charakteristisch für denselben sind Hölen, von welchen mir folgende bekannt sind:

1. Auf dem Harz die Baumanns- und Bielshöle, die des Ibergs bei Grund und das Pillekenloch bei Rothe-Hütte. Hausmann, Lasius. E. B.
2. Die Höle bei Balve in Westphalen. Rose über das Sauerland, S. 64 und 65.
3. Die Clutert-, die Sundwiger-, die Clusenstein-Hölen in der Grafschaft Mark. Hövel S. 36.
4. Die Höle des Rabensteins und die Urander-Höle bei Erkrath im Herzogthum Berg. Hardt S. 401.
5. Die Hölen bei Bradscheid und Langen-Aubach im Nassauischen. Becher S. 220. 223.
6. Eine große Zahl Hölen in dem Kalksteine des Distrikts, welchen Omalius „le Condros“ nennt, und der einen Theil der Departements: Ardennen, Sambre und Maas, Ourthe, und Roer begreift. Die bekannteste ist die Höle von Han, im Canton Rochefort. Omalius, Journal des Mines No. 142. S. 283 ꝛc.

---

mag dies beweisen: daß ich bläulich-grauen dichten Kalkstein von Dinant, Visé (unterhalb Lüttich), Hagen, Iserlohn, Brilon und aus der Gegend von Zellerfeld vor mir liegen habe, welche einander durchaus ähnlich sind.

§. 8.

Steinkohlen.

Kohlenblende fand man als Seltenheit in den Thonschiefern von Clausthal und von Arensberg in Westphalen. Schieferkohle und Blätterkohle bilden dagegen einen langen Zug häufiger und mächtiger Flötze, und wechseln mit Sandstein uud Schieferthon, deren Verwandtschaft mit Grauwacke und thonigen Schiefer ich §. 6. berührte.

§. 9.

Verbreitung der aufgeführten Gebirgsarten.

Die Verbreitung der aufgeführten Gebirgsarten ergiebt sich großentheils aus der Karte.

Die Partien, welche mit hellblauer Farbe angelegt sind, bezeichnen Thonschiefer mit den ihnen untergeordneten Lagern von Grauwacke, Quarz, Kieselschiefer, Grünstein und Granit. Kalkstein fehlt in diesen Partien.

Grauwacke, Quarz und Kieselschiefer wechseln so häufig mit Thonschiefer, daß es unmöglich ist, einzelne Vorkommnisse anzuführen.

Der Grünstein findet sich auf dem Harze und im Nassauischen mit dem sich ihm anschliessenden Blatterstein. Auch der hohe Istenberg im Herzogthum Westphaphalen, möchte nach Roses Beschreibung (Sauerland S. 37 ꝛc.) aus Grünstein bestehen. Am westlichsten zeigt er sich zu Quenast im Canton Herinnes, und zu Lessines (Omalius J. d. M. No. 142. S. 304 ꝛc.).

Der Granit findet sich auf dem Harze, außerdem zu Monthermé in den Ardennen (Coquebert J. d. M. No. 94. S. 310.).

Die dunkelblaue Farbe bezeichnet die Distrikte, in welchen Thonschiefer mit Kalkstein wechselt, so daß der Kalkstein meist vorwaltet. Alaunschiefer, Conglomerat und Grauwacke finden sich hin und wieder in diesen Distrikten, wie auch der Zug des überrheinischen Steinkohlengebirges, von welchem alsbald besonders gehandelt werden soll.

Die angegebenen Distrikte sind:

1. Die Distrikte von Elbingerode und Grund auf dem Harze. Ich habe dieselben nach Lasius Karte begränzt. Mehrere weniger bedeutende Kalksteinlager des Harzes konnte ich wegen Kleinheit meiner Karte nicht anzeigen.

2. Der Distrikt von Hessen, Allendorf. Nach Hundeshagen. Ich kenne seine Gränze nicht bestimmt.

3. Der nördliche westphälische Distrikt. Er ist nach Hövel, Eversmann, Blumenbach und Hardt

umgränzt. In der südlichen Hälfte dieses Distrikts scheint Thonschiefer, in der nördlichen Kalkstein vorzuwalten. Alaunschiefer findet sich innerhalb desselben bei Lintorf, Velbert und Schwelm.

4. Der Distrikt zwischen Dietz, Dillenburg und Butzbach. Nach Becher, Eversmann und Klipstein bestimmt.

5. Der kleine Distrikt bei Stromberg. Nach Calmelet und eigener Beobachtung. Die Gränze ist mir nicht genau bekannt.

6. Der Distrikt zwischen Pruym, Gerolstein, Hildesheim und Blankenheim. Nach Omalius, Nose und mündlichen Mittheilungen des Herrn von Bonnard. Die Gränze konnte auch hier nicht scharf bestimmt werden.

7. Der nördliche Distrikt jenseits des Rheines. Nach Dethier (Journ. d. M. No. 155. S. 398.) schneidet die südliche Gränze dieses Zuges zwischen Düren und Jülich die Rör, oberhalb Limburg bei Eupen die Vesdre, zwischen Spa und Theux die Högne, oberhalb Aiwaille die Amblève, oberhalb Durbuy die Ourthe, oberhalb Rochefort die Lesse, zwischen Fumay und Vireux die Maas. Von hier läuft die Gränze nach

Monnet (S. 162 und 173) auf Couvin und Chimay, weiter auf Estraing, wo ich den Kalkstein fand. Von Estraing nordwestlich bis Tournay, und von da östlich zurück in die Gegend von Jülich, fällt die Gränze des Distrikts mit der äußern Gränze des ganzen Schiefergebirges zusammen, von welcher ich weiter unten Rechenschaft geben werde.

Der Kalkstein herrscht innerhalb dieses großen Distrikts. Nur einige Punkte besonders anzuführen, so findet er sich bei Aachen, Limburg, Theux (Marmorbrüche), bildet fast allein die Ufer der Maas von oberhalb Lüttich bis Vireux (viele Brüche), zeigt sich bei Marchiennes, Ecaussines (Brüche), Ath (Brüche), Tournay (Brüche), Mons, St. Waast, Thuin (Brüche), Beaumont, Ransé (Brüche), Philippeville, Marienburg, Avesnes ꝛc.

Der Thonschiefer wechselt zwar häufig mit dem Kalksteine, ist aber im Ganzen nicht so mächtig. Bemerkenswerth sind Dachschiefer-Brüche von Steenkerken unweit Enghien.

Alaunschiefer findet man vorzüglich zwischen Huy und Lüttich; Conglomerat zwischen Dinant und Namur, mit Kalkstein und Thonschiefer wechselnd, auch bei Spaa und an einigen andern Punkten nach Omalius. (J. d. M. No. 142. S. 280.)

8. Zuletzt zeigt sich nahe am Kanale, zu Marquise und Hardinghen, die Kalksteinformation mit Schiefern und Steinkohlen wechselnd. Omalius J. d. M. No. 143. S. 349, und Duhamel im Journal des Mines No. 1.

Die dunkelviolblaue Farbe bezeichnet das Steinkohlen-Gebirge.

a) Die östlichste in der Grafschaft Mark gelegene Partie, ist nach Eversmann und einer genauen Revier-Karte, in ihrem ganzen Umfange angegeben. In dieser Partie wechseln die Flötze einzig mit Sandstein, Schieferthon und Brandschiefer, nicht mit Kalkstein. Hövel S. 52 ꝛc.

b) Der überrheinische Steinkohlenzug, welcher aus O. N. O. in W. S. W., von Eschweiler über Rolduc, Lüttich, Huy, Namur, Charleroi, Mons nach Valenciennes und Anzin läuft. An beiden letzteren Punkten ist jedoch das Steinkohlengebirge schon vom Flötzgebirge bedeckt. Genauere Angaben anderer Orte, wo längst diesem Zuge auf Steinkohlen gebaut wird, findet man bei Bonnard und Bouesnel. Ich habe die nördlichsten und südlichsten dieser Orte auf der Karte angegeben, und zwischen ihnen die Richtungslinie des ganzen Zuges schlängelnd verzeichnet. Diese Steinkohlen wechseln häufig mit Kalksteinlagern. Man hat bemerkt, sagt Gendebien, daß immer ein Zug unserer Steinkohlen-Flötze zwischen zwei Zügen Kalkstein, einem nördlichen und einem südlichen gefunden werde. (S. 435.)

c) Zu Pernes will man im Schiefergebirge Steinkohlen gefunden haben. (Bonnard 429.)

d) Die am meisten in Westen gelegenen Steinkohlen, sind die oben erwähnten mit Kalkstein wechselnden von Hardinghen.

Von dem durch die gelblich-braunen Linien angezeigten Flötztrapp-Gebirge, werde ich weiter unten sprechen.

§. 10.

Versteinerungen des Schiefergebirgs.

1. Thierische Versteinerungen.

In den Schiefern, der Grauwacke und dem Kalksteine finden sich eine Menge Versteinerungen, von welchen ich die häufigsten in alphabetischer Ordnung, mit Angabe der Fundorte, aufführen will.

1. Ammoniten.

a) Im Grauwackenschiefer auf dem Harze. Nordteutsche Beiträge II. 77.

b) In Schiefern und Grauwacke der Nassauischen Lande. Becher S. 170. 206. 219. 337. 351. 382. 386.

c) Im Kalkstein unterhalb Franchimont, nach Givet zu (Maasgegend). Monnet 166.

d) Im Kalkstein von Marquise unweit Boulogne. Omalius J. d. M. 143. S. 350.

2. Astroiten.

a) In „bräunlich-kalkigem Thongesteine“ und im Kalkgesteine, im Nassauischen. Becher 213. 219.

b) Im Kalkstein unweit Gerolstein. Nose, Siebengebirge II. 337.

3. Chamiten.

a) Im Grauwackenschiefer und Thonschiefer des Harzes. Nordt. Beitr. II. 77.

b) Im Dachschiefer von Würminghausen (Westphalen). Blumenbach S. 400.

c) Im thonigen Schiefer bei Butzbach. Klipstein II. 299.

d) In Nassauischen Schiefern. Becher 170.

e) Im Kalkstein des Bergschen. Hardt 399.

4. Coralliten.

a) Im Kalkstein des Harzes. Nordteutsche Beiträge II. 74.

b) In der Grauwacke des Harzes. Lasius 207.

c) Im Kalkstein der Gegend von Gerolstein. Nose, Siebengebirge II. 337.

d) Im Kalkstein der Ardennen. Monnet 163.

5. Entrochiten.

a) Im Kalkstein des Harzes. Nordt. Beiträge II. 74.

b) Im Kalkstein von Balve (Westphalen). Eigene Beobachtung.

c) Im Kalkstein von Königsberg unweit Gießen. Klipstein, erster B. 4tes Stück. S. 20.

d) In Schiefern und Grauwacke im Nassauischen. Becher 170.

e) Im Kalkstein von Vesdrin bei Namur. E. B.

f) Im Kalkstein von Profondeville zwischen Dinant und Namur. E. B.

g) Im Kalkstein von Marienburg, Ardennen. Monnet 163.

h) Im Kalkstein von Avesnes und Estraing (zwischen la Capelle und Avesnes). E. B.

i) Im Kalkstein von Ecaussines unweit Mons. Omalius J. d. M. No. 142. S. 113.

6. Fungiten.

a) Im Kalkstein des Harzes. Nordt. Beitr. II. 72.

b) In Thongestein bei Dillenburg. Becher 102.

c) Im Kalkstein der Gegend von Pruym und Gerolstein. Nose, Siebengebirge II. 337.

7) Hysterolithen.

a) In Grauwacke und Grauwackenschiefer des Harzes. Nordt. Beitr. II. 76. 77.

b) In thonigem Schiefer bei Butzbach. Klipstein II. 299.

c) In Grauwacke bei Braubach. Klipstein ꝛc.

d) In Grauwacke unweit Coblenz. Nöggerath 384.

e) In Grauwackenschiefer zwischen Dinant und Givet. Eig. Beob.

8. Madreporiten.

a) Im Kalkstein des Harzes. Nordteutsche Beiträge II. 72.

b) In der Grauwacke des Harzes. Lasius 206.

c) Im Kalkstein von Königsberg bei Giessen. Klipstein I. 4. S. 20.

d) Im Kalkstein bei Limburg, und im Thongestein bei Dillenburg. Becher 40. 213.

e) Im Kalkstein des Bergschen. Hardt 399.

f) Im Kalkstein, welcher die Steinkohlen von Hardinghen im Departement Pas de Calais bedeckt. Journ. des Min. I. S. 35.

9. Milleporiten.

a) Im Kalkstein des Harzes. Nordteutsche Beiträge II. 72.

b) Im Kalkstein des Bergschen. Hardt 399.

c) Im Kalkstein zwischen Ruhn und Heyerskirch, in der Gegend von Gerolstein. Rose, Siebengebirge II. 337.

10. Nautiliten.

a) Im Kalkstein des Harzes. Lasius 207.

b) Im Kalkstein bei Adorf (Westphalen). Blumenbach 395.

c) Im Schiefer bei Würminghausen. Blumenbach 400.

11. Pectiniten.

a) Im Grauwackenschiefer des Harzes. Nordteutsche Beiträge II. 77.

b) In Grauwacke und Schiefer des Nassauischen. Becher 170.

c) In sandsteinartiger Grauwacke von Abdenau in der Gegend von Gerolstein. Rose II. 327.

12. Schraubensteine.

a) Im Schiefer und Kalkstein des Harzes. Lasius 209.

b) In der Grauwacke des Harzes. Hausmann im Herzynischen Archiv I. 4. 660.

c) In der Grauwacke im Nassauischen. Becher 351.

d) Im Sandsteinschiefer bei Altena. Noses Sauerland 06.

e) Im Alaunschiefer von Lintorf (Grafschaft Mark). Hövel 38.

f) In sandsteinartiger Grauwacke bei Addenau. Nose Siebengebirge II. 327.

g) In Quarz an der Maas zwischen Lüttich und Maastricht oberhalb Visé. Eigene Beob.

h) In Quarz zwischen Givet und Dinant. E. B.

13. Orthozeratiten.

a) Im Thonschiefer des Harzes. Nordteutsche Beiträge II. 77.

b) Im Kalkstein von Adorf (Westpahlen). Blumenbach 397.

c) Im Thonschiefer bei Würminghausen. Blumenbach 400.

d) Im Thonschiefer des Nassauischen (verkieste). Becher 337.

e) Im Kalkstein des Bergschen. Hardt 399.

14. Terebratuliten.

a) Im Kalkstein bei Balve (Westphalen). E. B.

b) In Grauwacke und Thonschiefer der Nassauischen Lande. Becher 170. 351. 382. 386.

c) Im Kalkstein des Bergschen. Hardt 399.

d) Im Kalkstein bei Flônes unweit Lüttich. E. B.

e) Im Kalkstein bei Huy. E. B.

f) Im Schiefer bei Vesdrin. E. B.

g) Im Kalkstein bei Givet. E. B.

h) Im Kalkstein und Schiefer bei Avesnes. E. B.

15. Trochiten.

a) In der Grauwacke des Harzes. Nordteutsche Beiträge II. 74.

b) Im Thongestein des Nassauischen. Becher 102.

Gryphiten, welche Hardt im Kalkstein des Bergschen fand, sah ich in Menge in den Kalksteinhaufen der Chaussee zwischen Estraing und Avesnes. In der Sammlung der école des mines liegen ebenfalls Gryphiten von Namur. Trilobiten führt der Dachschiefer von Würminghausen nach Blumenbach, Tubiporiten der Kalkstein des Bergschen nach Hardt.

§. 11.

2. Pflanzenversteinerungen.

Da ich keine Exemplare von vegetabilischen Versteinerungen des Steinkohlengebirgs gesammelt, aus, keine genaueren Angaben über dieselben gefunden habe, so will ich hier nur einige seltene vegetabilische Petrefacten und Abdrücke, welche sich im eigentlichen Schiefer und Grauwacken-Gebirge finden, erwähnen. Abdrücke schilfartiger Pflanzen in der Harzer Grauwacke, erwähnt Hausmann. Nordteutsche Beiträge II. 76. Lasius führt S. 206 an: Bruchstücke von unbekannten großen Schilfblättern, die auf der Oberfläche ein steinkohlenartiges Ansehn haben; einen Abdruck von einer Saamenfrucht, einen rundum canelirten gegliederten Rohrstengel, einen Zweig von der Calla palustris (?), der noch deutlich etwas von seiner Wurzel an sich hat, in Grauwacke.

Abdrücke von unbekannten Gewächsen fast auf Opuntien-Art im Dachschiefer von Würminghausen, erwähnt Blumenbach (S. 400) — Abdrücke von Grashalmen im Thonschiefer unweit Siegen, Becher 386.

§. 12.

Erzformationen des Schiefer-Gebirges.

Wie ich bei Aufführung der Gebirgsarten und Versteinerungen die vorwaltenden heraushob, so will ich nun einige ausgezeichnete Erzbildungen erwähnen, welche sich nicht blos an einem, sondern an mehrern zum Theil weit von einander entfernten Punkten unsers Gebirgszuges finden.

1. Kupfererze.

a) Gangweise brechen im Thonschiefer- und Grauwacken-Gebirge von Lauterberg am Harze: Quarz, Kupferkies, Malachit, Kupfergrün, Kupferziegel- und Pecherz, Kupferschwärze, ochriger Brauneisenstein, Schwerspath, trümmerweis Braunspath, Rotheisenstein, selten Flußspath. Nordt. Beitr. II. 84.

b) Die Erzgänge der alten und neuen Constanze im Nassauischen streichen in Grauwacke und Grünstein. Quarz ist Hauptgangart. Kupfergrün, Malachit, Kupferkies brechen häufig. „Der Haupt-Erzgewinn bestehet in braunen Erzen, das ein Gemenge von gelbem Kupferkies, Pecherz, Kupferlebererz und Kupfermulm oder Kupferocher ist.“ Die letztern 3 Ausdrücke möchten auf Brauneisenstein zu deuten seyn. Becher S. 273 ꝛc.

c) Auf dem Ramberge, zwischen Daaden und Kirchen, brechen Malachit, dichter und fasriger Brauneisenstein, roth Kupfererz und Kupferkies zusammen. Jordan S. 235.

d) In der Gemeinde Ober-Spey — Gegend von Coblenz — brechen auf einem Gange in Thonschiefer: Quarz, Kupferkies und brauner

Eisenocher. Calmelet Journ. d. Min. No. 148. S. 294.

e) Zu Stolzenburg (Dt. der Wälder) brechen gangweise im Thonschiefergebirge ein Gemenge von „Schwefeleisen, rothem und braunem Eisenoxyd, röthlich-braunem Kupferoxyd, krystallisirtem Malachit auf sehr unregelmäßige Weise mit einander verwachsen“; Kupferkies, Spatheisenstein und Quarz brechen mit den genannten Erzen. J. d. M. No. 92. und No. 53.

Die Aehnlichkeit der 5 aufgeführten Fälle, bis auf geringe Modificationen, ist einleuchtend. Vorzüglich charakteristisch ist die Vermengung der Kupfererze, besonders des Kupferkieses mit Brauneisenstein.

2. Bleierze.

a) „Bleiglanz — am häufigsten grobspeisiger — mit Spatheisenstein, Kalkspath, Schwerspath, Quarz; hin und wieder mit Fahlerz, brauner Blende, Schwefelkies, Kupferkies“ brechen gangweise im Schiefer- und Grauwackengebirge bei Clausthal. Nordt. Beitr. II. 82.

b) „Bleiglanz, Fahlerz, wenig Kupfer- und Eisenkies, gelbe, braune und schwarze Blende, und späthiger Eisenstein, sind die auf diesem Erzlager beständig mit gemeinem Quarz einbrechenden Fossilien" — sagt Jordan von der Bleiglanzgrube, die Linnebach, im Schiefer- und Grauwackengebirge unweit Ems. Jordan S. 161.

Diese beiden Erzniederlagen stimmen mit einander fast gänzlich überein, wiewohl die eine gang- die andere lagerweise im Schiefergebirge vorkommen soll.

a. Bleiglanz — sehr häufig klein und fein speisiger — mit splittrigem Quarz, wenigerem Kalkspath und Spatheisenstein; hin und wieder mit Schwerspath und Kiesen. In oberer Teufe auffallende Zersetzung der Gangmasse, Auflösung des Kalkspaths; Umwandlung des Bleiglanzes in Weiß-, Schwarz-, Grün-Bleierz, Bleierde; Zersetzung des Kupfer- und Schwefelkieses und dadurch veranlaßte Bildung von ochrigem Brauneisenstein, von Malachit, Kupferlasur, Kupfergrün und Kupferschwärze; Verwandlung des Spatheisensteins in dichten und fasrigen Brauneisenstein und in erdiges Schwarz- und blättriges Graubraunsteinerz; und durch alle diese Zersetzungen bewirkte zerfressene Gestalt des Quarzes, der allein unverändert blieb." — Gangformation im Schiefer- und Grauwacken-Gebirge von Zellerfeld. Nordt. Beitr. II. 83.

b. „Die auf diesem Lager im Schiefer- und Grauwackengebirge von Holzapfel an der Lahn einbrechenden Erze bestehen in den obersten 10 Lachtern von Tage nieder, aus weißem und grünem Bleierz, aus Bleischwärze, das heißt aus einem bläulich-schwarzen Pulver und zu losen und mürben Stücken zerfressenem Bleiglanze, aus zerfressenem Bleiglanze der häufig mit Eisenocher gemengt ist, aus Blenden und späthigem Eisenstein. Bis in diese Tiefe ist überhaupt auch das Lager locker und lose; mehr aber nach der Tiefe zu wird es fester und die meisten der genannten Fossilien finden sich nicht mehr vor. Man darf daher wohl glauben, daß diese Veränderung des Lagers durch die Verwitterung bewirkt ist" ... In größerer Tiefe brechen Kupfer- und Eisenkies, hie und da Fahlerz, Quarz, späthiger Eisenstein, Blende. Jordan S. 178.

c. Die Grube Almosenrecht, unweit Trarbach an der Mosel, baute auf einem Gange, der Quarz, Schwerspath, Bleiglanz, Grün-, Weißbleierz, gediegen Kupfer, Kupfergrün und roth Kupfererz führt. Schreiber S. 49.

Indem ich diese 3 letzteren einander sehr ähnlichen Erzformationen zusammenstelle, bemerke ich wiederum,

daß

daß zwei Gang-, eine Lagerweise, alle drei aber im Schiefer und Grauwackengebirge vorkommen. Das verschiedene Verhalten der Erze in verschiedenen Teufen haben die beiden ersten Vorkommnisse mit einander auch gemein.

A. Die Gangformation im Schiefer- und Grauwacken-Gebirge zu Lautenthal auf dem Harze, besteht aus „Bleiglanz — mit vieler brauner Blende, splittrigem Quarz und Kalkspath, dann und wann mit Kiesen.“ Nordt. Beitr. II. 83.

B. Das Erzlager der Silberkaule im Schiefer- und Grauwacken-Gebirge bei Bennerscheid unweit Ukerot, führt „Bleiglanz — hat Quarz, spáthigen Eisenstein, Blende und wenig Kupfer- und Eisenkies beigemengt.“ Jordan S. 227.

C. In den Gruben „Kupferlöcher“ genannt, Gegend von Trarbach, brechen gangweise im Thonschiefergebirge „ein wenig Kupferkies mit Bleiglanz und brauner Blende in Quarz.“ Schreiber S. 59.

Auch hier sind wieder dieselben Vorkommnisse, dasselbe Gebirge, aber auch wiederum einmal Lager-, zweimal Gangweise.

3. Eisenerze.

Das Schiefergebirge ist ausgezeichnet reich an

Eisenerzen. Rothelsenstein ist vorzüglich häufig, nächstdem Braun- und Spath-Eisenstein.

I. Der Rotheisenstein bricht

A. Lagerweise:

a. Im Uebergangstrapp, welcher zum Theil sehr kalkspathhaltig ist — in der Gegend von Elbingerode, Lerbach und Clausthal. Nordt. Beitr. IV. 79.

b. Im Kalkstein oder an Punkten, wo Schiefer und Kalkstein mit einander wechseln, im Nassauischen. Mit den kalkhaltigen Gebirgsarten sollen die Eisensteine schwinden. Becher S. 46. 58. 238. 283 rc. 340.

c. Im Schiefer von Löhndorf, in der Mairie Sinzig des ehemaligen Rhein- und Mosel-Departement. Calmelet Journ. d. Min. No. 148. S. 299.

d. Zwischen dem Alaunschiefer und Kalkstein zu Flönes, zwischen Huy und Lüttich. Baillet S. 85.

Wahrscheinlich dürften die Eisensteine vom Martenberge bei Adorf (Blumenbach S. 397), von Gerolstein (Nose Siebengebirge II. S. 333) und Kerpen (Bonnard mündlich) hierher gehören.

B. Gangweise:

a. Im Kalkstein, Thonschiefer- und Grauwacken-Gebirge des Harzes. Mit ihm brechen Quarz, Kalkspath in den einen, Schwerspath in andern Gängen. Nordt. Beitr. II. 73. 84.

b. Im Schiefergebirge der Eiffel ist ein großer Reichthum an Erzgängen. Der Rotheisenstein soll sich in der ganzen Kette finden. Omalius J. d. M. No. 143. S. 379.

Der Eisenglanz — ein reifer Rotheisenstein — bricht auf dem Harze gangweise mit dem gemeinen Rotheisenstein (Nordt. Beitr. II. S. 4.), findet sich auch im Nassauischen (Becher S. 270.), in der Grafschaft Mark (Hövel S. 12.) und zu Viel-Salm (Omalius J. d. M. No. 143. S. 360.).

II. Brauneisenstein.

a. Er findet sich dicht und fasrig in großen Nestern im Kalkstein, oder gangweise im Grauwackengebirge des Harzes. Nordt. Beitr. II. 6.

b. Er bildet mächtige Gänge in den Gegenden von Siegen und Kirchen im Grauwacken- und Thonschiefer-Gebirge. Becher 388 ꝛc. Cramer im Bergmännischen Journale und in Molls Ephemeriden IV. 1. Jordan S. 237.

Im Allgemeinen bemerkt Omalius, im Canton Chimay (Departement Jemappes), besonders aber in den Cantons Philippeville (Departement der Ardennen) und Walcourt (Departement der Sambre und Maas), seyen reiche Eisensteingruben.

III. Spatheisenstein.

Sein Vorkommen auf Blei- und Kupfererz-Gängen habe ich erwähnt. Er bildet aber auch Nester im Kalkstein, und Gänge im Grauwackengebirge des Harzes. Nordt. Beitr. II. 7.

Der Stahlberg zu Müsen im Siegenschen, ist ebenfalls ein mächtiger Spatheisenstein-Gang in Grauwacke. Becher S. 452.

Außer dem Roth-, Braun- und Spath-Eisenstein, verdient der Schwefelkies noch erwähnt zu werden, welcher theils gangweise mit Blei-, Kupfer- und Eisen-Erzen bricht, besonders häufig aber in den Thonschiefern — meist in Würfeln krystallisirt — eingewachsen vorkommt.

4. Zinkerze.

Daß mit den Bleierzen meist Blende vorkömmt, ergiebt sich schon aus der obigen Aufführung der Bleierzformationen.

Die Formation des Gallmei, mit welchem gewöhnlich Bleiglanz, auch ochriger Roth- und Brauneisenstein brechen, gehört den mächtigen nördlichsten Kalkstein- und Schieferlagern unsers Hauptgebirgszuges auf beiden Seiten des Rheins an.

Nordöstlich zeigt sich der Gallmei zuerst im Kalksteinrevier von Brilon mit Bleiglanz — westlicher zwischen Balve und Iserlohn und bei Iserlohn nach Limburg zu — hier mit braunem Eisenocher. — Auf dem linken Rheinufer findet sich Gallmei bei Stollberg und Aachen, wo ebenfalls Bleiglanz und Eisenoxyd mit ihm brechen (Duhamel Journ. d. Min. No. 63. S. 200.). — Zwischen Aachen und Lüttich findet er sich auf dem Wechsel von Schiefer und Kalkstein mit rothem Eisenocher. Baillet Journ. des Mines No. 13. S. 43. Zu äußerst westlich zeigt sich der Gallmei mit Bleiglanz im Kalkstein von Flônes zwischen Huy und Lüttich. Baillet Journ. des Mines No. 10. S. 85.

Die Gänge von Bleiglanz und braunem Eisenocher zu Vesdrin unweit Namur, die von Bleiglanz zu Sirault nahe Mons, streichen in demselben Kalksteinlager, in welchem der Gallmei bricht, und sind vielleicht für dieselbe Erzformation anzusehen, nur mit fehlendem Gallmei. Schon in Brilon baut man eigentlich auf Bleiglanz, und nur nebenbei auf Gallmei.

* * *

Ich bitte, diese kurze Zusammenstellung der Erzformationen nur für eine Andeutung anzusehen, welche recht sehr einer genaueren Ausführung bedarf.

Auf Durchschnittsreisen konnte ich nicht an zeitkostende Untersuchungen dieser Formationen denken, nur beiläufig sah ich einige. Darum fehlt mir auch hinlängliche Sachkenntniß, um die hierauf sich beziehenden Angaben der Schriftsteller gehörig würdigen zu können. Besonders dürftig ist meine Aufführung der Eisenerzniederlagen, was freilich noch den besondern Grund hat, daß ich oft gar nicht angegeben fand, ob diese Erze gang- oder lagerweise brechen. Bei ältern teutschen Schriftstellern war überdies häufig nur Eisenstein angegeben, da ich denn nicht wußte, ob von Roth-, Braun-, Spath- oder gar Thon-Eisenstein die Rede sey. Bei Vergleichung der Erzbildungen würde es übrigens — wie bei Betrachtung der Gebirgsarten — wohl zu berücksichtigen seyn, welches der zusammenbrechenden Erze vorzüglich herrschend, welches mehr zufällig sey. So dürften bei den aufgeführten Kupfererzbildungen — wie ich schon erwähnte — der Kupferkies und Brauneisenstein besonders charakteristisch seyn.

Umgekehrt erscheinen bei den Bleierzniederlagen weiß und grün Bleierz rc., nach Hausmann und Jordan, als spätere vorzüglich in obern Teufen statt findende Umwandlungen, und sonach mehr zufällige Bildungen. —

§. 13.

Flötztrappgebilde innerhalb des Schieferbezirks.

Außer den bisher aufgeführten Gebirgsarten, welche durch Verwandtschaft und wie wir sehen werden, durch Lagerungsverhältnisse Eine Familie bilden, liegt ein mächtiges Flötztrappgebilde innerhalb des Schiefergebiets.

Die Gebirgsarten, welche dieses Gebilde begreift — deren nähere Beschreibung nicht zu meinem Zwecke gehört — bilden eine eigenthümliche von den Schiefern getrennte Familie, die auch durch ihr Lagerungsverhältniß als isolirt erscheint. Doch ist dieses Verhältniß bis jetzt keinesweges scharf bestimmt.

Gewöhnlich nimmt man an: Basalt, Flötztrapp-Porphyr ꝛc. seyen übergreifend und abweichend auf das Schiefergebirge gelagert. Nach Omalius J. d. M. No. 143. S. 375 soll der Basalt theils unter dem Schiefer liegen, theils untergeordnete Lager in demselben bilden. ?

Ich habe den Distrikt, welchen der Flötztrapp einnimmt, gelblich-braun umgränzt. Auf der linken Rheinseite ist diese Gränze nach Omalius und Nose, auf der rechten vornehmlich nach Becher und Eversmann bestimmt worden. Oestlich und nordöstlich überschreitet jedoch das Flötztrappgebilde das Schiefergebiet und mag mit dem des Vogelgebirges, Habichtswaldes und der Rhön in Zusammenhang stehen.

§. 14.

Streichen und Fallen der Schichten und Lager.

Vom Harze bis Arras ist das herrschende Streichen aus ONO. in WSW. Diese Richtung weicht einerseits bis zu der aus NO. in SW., andrerseits bis zu der aus O. in W. ab.

Die 3 Richtungen des Fallens, welche bei Einer Streichungslinie statt finden können, zeigen sich:

1. Es stürzen sich die Schichten senkrecht.
2. Sie fallen in NW. NNW. und N.
3. Sie fallen in SO. SSO. und S.

Ich werde nun die Angaben der Schriftsteller und eigene Beobachtungen also aufführen, daß ich zuerst diejenigen heraushebe, welche entweder nur das Streichen, nicht aber das Fallen betreffen, oder neben dem Streichen, ein veränderliches Fallen und Stürzung. Hierauf sollen die Beobachtungen des nördlichen, zuletzt die des südlichen Fallens — welches bei weitem vorherrscht — folgen. Ich werde in diesen 3 Rubriken jedesmal die Angaben aus dem östlichen

Theile des Gebirgszuges voranstellen, und westlich fortschreiten.

1. Das Streichen.

1) Die Schiefer in der Herrschaft Epstein streichen aus SW. in NO. Klipsteins Briefwechsel II. 314.

2) Thonschiefer in der Nähe von Königswinter am Rheine streicht von O in W. Rose Siebengebirge I. 105.

3) Die Schiefer in der Gegend von Weiden (an der Nahe) streichen beständig aus WSW. in ONO. Das Fallen ist meist nördlich, seltner südlich. Calmelet J. d. M. No. 146. S. 146.

4) Die Thonschiefer der Ardennen, welche mit Quarz wechseln, fallen oft senkrecht und streichen von NO. in SW. Omalius J. d. M. 143. S. 354.

5) Von den Gebirgschichten eines Distrikts, welcher ungefähr zwischen Givet, Namur und Jülich liegt, sagt Omalius: sie seyen nicht nur bald mehr bald weniger geneigt, sondern man sehe auch in jedem Augenblick gebogene, gegen einander geneigte, nach jeder Richtung verworfene, „doch mitten in so großer Verwirrung erkennt man, fährt er fort, daß die Schichten

eine gemeinschaftliche Richtung von NO. in SW. haben." Journal des Mines No. 142. S. 273.

6) Das Streichen der Alaunschiefer zwischen Huy und Lüttich ist von O. in W.; das Fallen abwechselnd in S. und N. Baillet im J. d. M. No. 10. S. 83 und 85.

2. Nördliches Fallen.

1) Grauwacke, Kalkstein und Steinkohlengebirge in Westphalen fallen in N. Hövel S. 19.

2) Von demselben Gebirgsstriche sagt Eversmann: das Fallen sey mehrentheils in N. S. 195.

3) Nördliches Fallen bei Elberfeld. E. B.

4) Thonschiefer fällt in der Gegend von Burgbrohl und Ober-Winter in N. Nose II. 143. 314. Vergleiche auch S. 223.

5) Thonschiefer bei Trarbach fällt mehrentheils in N. Schreiber J. d. M. No. 11.

3. Südliches Fallen.

1) „Nur sehr wenige Fälle ausgenommen, haben die Gebirgsschichten am Harze allezeit ihr Fallen nach Mittag zu." Lasius S. 61. Vergleiche die übereinstimmenden Angaben S. 82. 101. 117. 156. 171. 173. 178.

2) „Die Grauwacken- und Thonschieferschichten

(des Harzes) pflegen in der 3ten und 4ten Stunde ihr Streichen zu haben, und 60 bis 70 Grad gegen Mittag zu fallen." Hausmann Nordt. Beitr. II. S. 80. Vergleiche die übereinstimmenden Angaben S. 62. 66. 69, und im 4ten Stück S. 74. 80. Ferner Hausmann im Herzynischen Archiv I. 4. S. 657. 659.

Es ist fast überflüssig zu sagen, daß unsere Beobachtungen auf dem Harze mit Lasius und Hausmann übereintreffen.

3) Von Stadtbergen bis Martenberg ist das Fallen in S. Hövel S. 19.

4) Auf dem Wege von Bredelaar bis Hagen habe ich oft Fallen in S. beobachtet. So bei Meschede ... doch habe ich die einzelnen Beobachtungen leider nicht aufgezeichnet.

5) „Wo es sich mit einiger Zuverlässigkeit wahrnehmen ließ, habe ich beständig bemerkt, daß die Gesteinlagen ihre Richtung von Abend in Morgen, und ihr Fallen gegen Mittag nahmen. Dieses ist eine Bemerkung, die sich auf Schiefer, Grauwacke und Kalkstein erstreckt," sagt Becher S. 28. von dem Gebirge der Nassauischen Lande. Hiermit stimmen die einzelnen Angaben dieses fleißigen Geognosten S. 36. 41.

44. 54. 56. 58. 202. 207. 210. 214. 224. 233. 239. 245. 263. 334. 398. 420. 456. 472 überein. Nach S. 21. 52. 238. 250. 255. 264. 293. 328. 354. 406. 429. 478 ist das Streichen von ONO. in WSW. (zwischen Stunde 3 und 6 des bergmännischen Compasses). S. 6. 23. 32. 44. 58. 214. 239. 255 giebt Becher nur das Streichen an, ebenfalls meist aus ONO. in WSW.

6) Thonschiefer und Grauwacke bei Elkenroth in der Grafschaft Altenkirchen streichen von WSW. in ONO. (Stunde 4 und 5) und fallen in S. Cramer in Molls Ephemeriden IV. 1.

7) Nach Jordan streichen Grauwacke und Thonschiefer bei Holzapfel aus WSW. in ONO. (Stunde 4 und 5) und fallen in Mittag S. 177. Gleiches Fallen in Mittag haben Grauwacke und Thonschiefer bei Bennerscheid unweit Ukerot (227) und bei der Grube Alexander an der Sieg (S. 259).

8) Von Bingen bis nahe Bonn fanden wir das Fallen in der Regel in SSO. Nur in der Gegend von Coblenz findet sich nördliches Fallen. Doch zeigt das Gestein hier viele Windungen und Stürzungen. Diese Beobachtung

stimmt mit der früheren von Georg Forster (Ansichten vom Niederrhein I. S. 38.) überein.

9) Thonschiefer bei Königswinter, Rheinbreitenbach, Unkel fallen in S. Rose Siebengebirge I. 134. 177. 209.

10) Thonschiefer bei Laach, fällt in S. Rose Siebengebirge II. 74. Dasselbe Fallen giebt Rose an, Siebengebirge II. S. 144. 156. 157. 227.

11) Thonschiefer, Grauwacke, Kieselschiefer und Kalkstein im ehemaligen Rhein- und Mosel-Departement. „Alle diese Lager streichen gewöhnlich aus ONO. in WSW. und fallen in S." Calmelet Journ. des Min. No. 148. S. 258. Er bestätigt dies durch mehrere einzelne Angaben.

12) Thonschiefer fällt in SSO. zwischen Oberstein und Birkenfeld. E. B.

13) Schiefer zwischen Aachen und Jülich. SSO. Eig. Beob.

14) Kalkstein bei Ellendorf unweit Aachen. SSO. Eig. Beob.

15) Schiefer bei Aachen SSO. E. B.

16) Schiefer, Kalkstein und Steinkohlengebirge von Fumay längst der Maas bis in die Nähe von Visé unterhalb Lüttich, zeigen zwar sehr

viele Windungen, das Hauptfallen ist aber in S. Eig. Beob.

17) Thonschiefer bei Eteignieres zwischen Montcornet und Rocroi. SSO. Eig. Beob.

18) Die Schichten des Steinkohlengebirges von Anzin unweit Valenciennes streichen von O. in W. und fallen in S. Daubuisson S. 127 Seite 143 giebt derselbe die Streichungslinie von ONO. in WSW. an. Die Schichten seyen im Ganzen sehr geneigt. „Sie fallen gegen Mittag, das ist ihr Hauptfallen“ *).

19) Die allgemeine Richtung des Steinkohlenzuges von Eschweiler bis Valenciennes ist von ONO. in WSW. „Eine Linie auf der Karte „durch die Städte Lüttich und Valenciennes ge„zogen, giebt eine ziemlich genaue Idee von die„ser Richtung. Doch kann dieselbe nur als „die Chorde von einer Folge kleiner Bogen be„trachtet werden, welche die wahrhafte Richtung „des Zuges von beiden Seiten der Hauptlinie „schlängelnd bildet. Eben so ist diese Richtung „unabhängig von allen örtlichen Abweichungen

---

*) „Les couches penchent vers le midi, c'est là leur pendage direct.“

„der Schichten an diesem und jenem Punkte, „nach welcher sie z. E. bei Fresnes bald in S., „bald in O., bald in N. fallen. Aber *) überall „wo man den gemeinen Bergmann nach „dem Streichungsverhältniß seiner Schichten „fragt, wird er zur Antwort geben, ihr „wahres Fallen sey in S. zwischen „Stunde 10 und 11.“ Bonnard J. d. M. N. 156. S. 418.

20) Bei Tilloy und Monchy-le-Preux, nahe Arras, fallen die Schiefer in SSO. (Stunde 10). Bonnard J. d. M. No. 156. S. 431. 452.

* * *

Von Arras wendet sich der bis dahin meist west-südwestlich gerichtete Gebirgszug in NW. über Pernes nach Hardinghen und Marquise. Dieser Wendung des ganzen Zuges entspricht das Streichen und Fallen des Steinkohlengebirges von Hardinghen, da es aus NW. in SO. streicht, und theils in NO. theils in SW. fällt. Bonnard J. d. M. No. 156. S. 419.

---

*) Mais *partout* le simple mineur repondra à la question qui lui sera addressée sur l'allure de ses couches, „*que leur pendage véritable est vers le soleil de* 10 *à* 11 *heures*.“

§. 15.

Lagrungs- oder Altersverhältnisse.

1. Der Lager des Schiefergebirgs zu einander.

Nach dem vorigen §. ist das südliche Fallen bei weitem vorwaltend in unserm Schiefergebirge. Auf dem Harze, im nordöstlichen Westphalen, in den Nassauischen Landen, am Rheine zwischen Bingen und Bonn, im ehemaligen Rhein- und Mosel-Departement überhaupt, in der Gegend von Aachen, längst der Maas von Fumay bis Visé und auf dem langen Steinkohlenzuge von Eschweiler bis Aniche herrscht es.

Das nördliche Fallen ist verhältnißmäßig selten. Wo ich es beobachtete — besonders an der Maas — trat es nicht als bestimmte Richtung einer ruhigen gleichförmigen Schichtung auf, sondern bei unaufhörlichen Windungen, da das Gestein bald in N. bald in S. fiel, bald sich steil stürzte.

Nur Herr von Hövel giebt dies nördliche Fallen als Gesetz für das Märkische Gebirge. Ich will dagegen nicht anführen, daß ich auf dem Wege von Hagen nach Unna und anderseits von Hagen über Iserlohn nach Meschede häufiges südliches Einschießen beobachtete, da ich diese Beobachtungen nicht auf der Stelle aufgeschrieben habe. Wichtiger ist dies, daß

auf

auf einer genauen Revierkarte des Märkischen Steinkohlengebirgs, welche vor mir liegt, keinesweges regelmäßiges Fallen in N., sondern bei großen Windungen abwechselnd meist nördliches und südliches Einschießen angegeben ist.

Bei einer solchen Abwechslung dürfte aber wohl das südliche Fallen als das regelmäßige anzusehen seyn, weil es, wie gesagt, das allgemein vorwaltende ist. Besonders ist dies zu erwägen:

1) Herr von Hövel betrachtet selbst das westphälische Gebirge als westliche Fortsetzung des Harzes. Sonach dürfte die Regel des südlichen Einschießens, welche so durchgreifend auf dem Harze herrscht, auch hier festzuhalten seyn.

2) Das märkische Steinkohlen-Gebirge erscheint andrerseits als eine Fortsetzung des überrheinischen. In diesem herrscht von Valenciennes bis Eschweiler südliches Fallen, welches Fallen daher auch als das normale des märkischen Steinkohlengebirges zu betrachten seyn möchte.

Wenn aber im ganzen Schiefergebirge südliches Fallen herrscht, so sind die nördlichsten Lager desselben als die untersten ältesten, die südlichen als die obersten jüngsten anzusehen. Es findet sich aber kein Lager einer bestimmten Gebirgsart im ganzen Schiefergebirge, welches immer zu unterst, am nördlichsten läge, oder zu oberst, am südlichsten, oder auch einen bestimmten Platz in der Mitte des Zuges behauptete. Alle wechseln mit einander unmittelbar oder mittelbar.

Als Beispiel mag der Durchschnitt von Steenkerken nach Monthermé dienen. Auf den Thonschiefer von Steenkerken — der ausgezeichnet ist, da er als Dachschiefer benutzt wird — folgt der Kalkstein von Ecaussines, diesem folgen die Steinkohlen bei Charleroi, auf welche wiederum der Kalkstein von Philippeville, und auf diesen zuletzt die mit Granit wechselnden Thonschiefer bei Monthermé folgen. Im Ganzen liegen jedoch die Haupt-Bezirke, in welchen Schiefer und Kalkstein mit einander wechseln, nördlich, im Liegenden; das kalksteinleere Schiefer- und Grauwacken-Gebirge mehr südlich, im Hangenden, wie dies die Karte zeigt.

Daß auch der Granit des Harzes, so wie der erwähnte von Monthermé, mit dem Schiefer wechsle, haben neuere Beobachtungen im östlichen Harze bestätigt.

So bilden die wechselnden aus O. in W. streichenden in S. fallenden Lager aller dieser unter einander verwandten und vermengten Gebirgsarten Ein großes Lagrungsganzes, dessen Grundgebirge nördlich, dessen Hangendes südlich zu suchen ist.

§. 16.

2. Grundgebirge des Schieferzuges.

Die Familie von Gebirgsarten unsers Gebirgszuges finden wir grossentheils im Erzgebirge und in Schlesien. Hier folgen ihre Lager auf Gneuß; in ihrem Hangenden folgt wiederum entweder die Sienitformation, oder dasjenige Steinkohlengebirge, welches mit mancherlei Porphyr, rothem Sandstein ꝛc. Ein Gebilde ausmacht. Auch das Schiefergebirge des südöstlichen Thüringer Waldes möchte auf dem Gneuß des Fichtelgebirges und unter dem Sienit- und Steinkohlengebirge von Ilmenau ꝛc. liegen.

Die Vergleichung führt nun zu der Frage: auf welches Grundgebirge folgt unser Gebirgszug? — welche Gebirgslager folgen ihm? — eine Frage, die von allen den Schriftstellern hätte aufgeworfen werden müssen, welche diesen Gebirgszug als Uebergangs- oder mittelzeitiges Gebirge betrachtet haben.

Denn was ist denn ein Uebergangsgebirge anders, als ein Gebirge, das zwischen zwei andern inne liegt, und dessen Gestein die verschiedene Natur der Gebirgsarten im Liegenden und Hangenden vermittelt? Und ein mittelzeitiges Gebirge, ist es nicht ein solches, das auf einem ältern ruht, und auf welchem wiederum ein jüngeres liegt? —

Was nun ein solches Grundgebirge unserer Schiefer betrifft, so kenne ich keines. Warum ich den Granit des Brockens nicht dafür halte, habe ich in meinen geognostischen Fragmenten gesagt. Gegen die Hypothese Beroldingens: daß die Granitblöcke in Nordsachsen als Reste einer großen zerstörten Granitformation anzusehen seyen, welche dann für das Grundgebirge der Schiefer gelten könnte, ist vorzüglich einzuwenden: daß diese Blöcke zum Theil auf Flötzgebirgen liegen, also — was nach der Hypothese nothwendig wäre — in keinem unmittelbaren Zusammenhange mit einem Granitgebirge stehen. Da überhaupt der nördliche Abfall des Schieferzuges, vom Kanal bis Blankenburg am Harze, mit Flötzgebirge bedeckt ist, so möchte auch schwerlich ein Grundgebirge gefunden werden.

§. 17.

3. Gebirgsformationen, welche auf dem Schiefergebirge ruhen.

Familienverwandtschaft der Gebirgsarten, gemeinsames Streichen und Fallen der Gebirgslager, und Wechsel derselben innerhalb unseres Schiefergebirges, charakterisirt dieses Gebirge als Ein großes Ganzes.

Die den Gebirgszug bedeckenden Lager bestehen aus Familien von Gebirgsarten, welche von der Schieferfamilie verschieden sind; sie wechseln nicht mit den Lagern dieser Familie, und zeigen auch nicht dasselbe Streichen und Fallen. Meist ragt der Schieferzug hoch über die ihn begränzenden fremdartigen Berge hinweg.

Das erste Bildungs-Ganze, welches den Schiefer bedeckt, nenne ich das rothe Sandstein-Gebilde. Der Sandstein, welcher bei weitem das vorherrschende Lager desselben ist, wechselt vom gröbsten Conglomeratartigen — wie im sogenannten Todliegenden — bis zum Feinkörnigen. Seine Farbe ist meist roth. Ihm sind Lager von Porphyr, Mandelstein, basaltähnlichem Trapp — Letten — bituminösem Mergelschiefer, Kalkstein, Gyps und Steinkohlen untergeordnet. *)

*) Dieses Gebilde begreift die von Heim in Todliegendes, ersten Flötzkalkstein, zweiten Sandstein, und drei den genannten Formationen untergeordnete Zwischenlager, getrennten Flötzbildungen. Die von mir gegebene Ansicht erscheint weniger scharf, allein ich halte sie deshalb für naturgetreuer, weil — wie ich schon in meinen geognostischen Fragmenten bemerkte — die von Heim aufgestellte Folge nirgends, selbst in Thüringen nicht, nachzuweisen ist, und außerdem in dieser Folge Glieder fehlen.

Wie sehr der rothe Sandstein (das rothe Liegende inbegriffen) vorwalte, und das Ganze der aufgeführten Bildungen daher mit Recht den Namen des rothen Sandstein-Gebildes verdiene — a potiori fit denominatio — mag dies beweisen:

Dieses Gebilde umgürtet das Harzer Schiefergebirge fast ganz. Von Ilsenburg kann man es über Blankenburg, durch das Mansfeldsche auf Neustadt, Ilefeld, Scharzfeld, Osterode, Gittelde und Seesen verfolgen. Von den ihr angehörigen Gliedern treten vorzüglich Kalkstein und Gyps, besonders am südlichen Harze hervor.

Dieses Sandstein-Gebilde herrscht auch auf dem großen von der Weser durchschnittenen Landstriche zwischen dem Harze und dem westphälischen Gebirge. Nur hin und wieder — wie bei Göttingen — liegt Muschelkalkstein auf ihm; an einigen andern Punkten des bezeichneten Landstrichs findet sich — z. B. bei Kassel — Flötztrappgebirge. In der Gegend von Stadtberge bedeckt dieses Gebilde das westphälische Schiefergebirge, und begränzt es von da in südlicher Richtung bis in die Gegend zwischen Marburg und Gießen.

Von hier bis Bingen fehlen mir genaue Beobach-

---

daß man den rothen Sandstein, z. B. aus dem Mansfeldschen, fast ununterbrochen durch Thüringen, das Eichsfeld, Hessen, über den Spessart und Odenwald nach Heidelberg, und von da in das Würtembergsche verfolgen kann.

Ich könnte ähnliche Beispiele auf dem linken Rheinufer, und aus Schlesien und Böhmen anführen.

tungen und Nachrichten über die Begränzung des Schiefergebirgs. Was sich mir ungefähr aus eigenen Beobachtungen und Omalius (J. d. M. No. 144. S. 458 ꝛc.) Angaben ergab, ist folgendes:

Es zieht eine Kalksteinbildung in der Rheinebene von Strasburg, vielleicht noch weiter her, bis Bingen hinunter. Diese Bildung ist durch das rothe Sandsteingebirge, welches vom Hundsrück bis zu den Vogesen geht, auf dem linken Rheinufer, auf dem rechten aber durch das Sandstein- und Sienitgebirge im Badenschen und Darmstädtschen beschränkt. Erst in der großen Rhein- und Main-Ebene, die nördlich von unserm Schiefergebirge, östlich von den Bergen des Spessart und Freigerichts, südlich vom Odenwalde und der Bergstraße begränzt wird, breitet sich der Kalkstein weiter aus, von Alzey und Bingen bis Bergen östlich von Frankfurt. Man sieht ihn jedoch nur hin und wieder, weil er meist vom Sande bedeckt wird. Er selbst bedeckt den rothen Sandstein bei Leiningen. Diese Auflagerung beweist seine späte Entstehung, welche Süßwasser-Muscheln und Knochen, die er enthält, vermuthen ließen. Ob und wie weit dieser Kalkstein unser Schiefergebirge unmittelbar bedecke, weiß ich nicht.

In der Nähe von Bingen legt sich wieder das

rothe Sandsteingebirge auf die Schiefer, und begränzt sie bis in die Gegend von Florenville im Luxenburgschen *). Mit dem Sandsteine — meist Conglomerat — wechseln auf diesem Strich, besonders an der Nahe, Porphyr, basaltähnlicher Trappfels und Mandelstein.

In der Gegend von Florenville hört das rothe Sandstein-Gebilde auf. Das Muschelkalkstein-Gebilde, welches von Bittburg bis dahin auf dem Sandsteine liegt, und durch diesen von den Schiefern getrennt wird, zieht sich nun nördlich bis an die Schiefer, lagert unmittelbar auf denselben, und begränzt sie von Florenville bis Hirson im Aisne-Departement. Dieses Gebilde besteht vornehmlich aus gelblich-grauem, seltner bläulich-grauem Muschelkalkstein, der hin und wieder mit Letten, weißem Roogenstein und Gyps wechselt, und dessen Schichten in der Regel horizontal sind. (Omalius Journ. des Min. No. 144. S. 453 ꝛc.)

Es stimmt mit dem Heimschen und Wernerschen Muschelkalkstein-Gebilde, oder dem des Jurakalkstein, großentheils überein.

In einer Linie, welche man von St. Menehould

---

*) Omalius J. d. M. No. 144. S. 452 ꝛc. Vergleiche §. 18.

längst der Aisne nach Rilly und über Auberton nach Hirson ziehen kann, folgt das Kreide-Gebilde auf das des Muschelkalksteins. Bei Hirson zeigt sich die Kreide bis an das Schiefergebirge und lagert sich unmittelbar auf dasselbe. Der Muschelkalkstein hört auf.

Dieses Kreide-Gebilde habe ich in der Abhandlung über die Pariser Gegend charakterisirt, und gezeigt, daß man dasselbe — wo nicht die Kreide selbst, doch andere Glieder des Gebildes — ins nördliche Deutschland verfolgen könne, ja daß sich selbst noch am Nordharze Gebirgsbildungen zeigen, welche mit denen der Kreide-Familie übereinstimmen. Ich will hier nur wiederholen, daß das Kreide-Gebilde aus abwechselnden, meist horizontalen Lagern von Kreide, Kalkstein, der von Versteinerungen wimmelt, Gyps, Letten, besonders aber von Sand und Sandstein, zusammengesetzt ist.

Die geographische Gränze zwischen dem Kreidegebilde und den Schiefern ist keinesweges so scharf gezogen als die, welche zwischen dem rothen Sandstein und Muschelkalkstein einerseits, und dem Schiefergebirge andrerseits läuft. Dies Gebirge verflächt sich vielmehr allmählig einige Meilen westlich von der Linie, welche der Maaßdurchschnitt von Mezières nach Namur bildet. Kreide, Sand und Sandsteinlager bedecken es nun hin und wieder. So fand ich Kreidepartieen zwischen Maubeuge und Mons, Sand zwischen Mons und Braine le Comte. Je weiter man nach Westen kommt, um so mehr nimmt die Erniedrigung des Schiefergebirges zu, und zugleich die Ausbreitung und Masse des deckenden Flötzgebirges. Valenciennes, Aniche, und Arras liegen im Kreidegebirge. Bei Valenciennes fand man die Steinkohlen in 70 bis 80 mètres Tiefe unter demselben, bei dem westlicher gelegenen Arras erst in 153 mètres Tiefe. Nur die Schiefer bei Pernes und der Steinkohlen- und Kalkstein-Distrikt von Hardinghen, heben sich aus dem Kreidegebirge heraus. Omalius J. d. M. No. 143. S. 346.

Wenn ich die Punkte westlich von Valenciennes ausnehme, welche mitten im rings um ihnen verbreiteten Flötzgebirge wie Inseln im Meere liegen, so habe ich beim Ziehen der Gränze zwischen dem Kreide- und Schiefer-Gebirge, die äussersten Punkte, an welchen sich letzteres zeigt, als Anhaltpunkte genommen, ohne Rücksicht auf die erwähnten Kreide- und Sand-Partieen, welche innerhalb der gezogenen Gränze hier und da den Schiefer bedecken.

Von der Gränze selbst werde ich weiter unten nähere Rechenschaft geben.

§. 18.

Verschiedenes Verhältniß der verschiedenen Gränz-Gebilde zum Schiefergebirge.

Ob nun gleich jedes der aufgeführten Gränz-Gebilde einen eigenthümlichen Charakter zeigt, der sie scharf vom Schiefergebirge trennt; so scheint doch das rothe Sandstein-Gebilde diesem näher zu stehen als der Muschelkalkstein, und dieser wiederum näher als die Kreide- und Sandbildung. Es ließ sich dies schon hieraus vermuthen, weil auf Durchschnitten, welche vom Schiefergebirge aus rothen Sandstein, Muschelkalkstein und Kreide schneiden — z. B. auf einem Durchschnitt von Stolzenburg im Wälder-Departement nach Rethel — das rothe Sandsteingebirge zunächst dem Schiefer, auf dieses der Muschelkalkstein, und diesem erst die Kreide folgt. Je verschiedener das Alter, um so verschiedener ist der Charakter der Bildungen.

Hierin aber zeigt sich das nähere Verhältniß des rothen Sandstein-Gebildes zum Schiefer-Gebilde. Sind nehmlich die Familien von Gebirgsarten beider Bildungen im Ganzen charakteristisch von einander verschieden, so zeigen sich doch Aehnlichkeiten in einzelnen Gebirgsarten. So ähnelt z. B. das rothe Conglomerat im Schiefergebirge zwischen Dinant und Namur ganz dem Conglomerat des rothen Sandstein-Gebildes. Die Steinkohlen und der Schieferthon des Schiefergebirges zeigen an sich große Aehnlichkeit mit den gleichen Gebirgsarten des rothen Sandstein-Gebildes. Besonders schließt die Natur der obersten jüngsten Lager des Schiefer-Gebildes öfters an die der ersten sie bedeckenden Lager des rothen Sandstein-Gebildes an. So findet man z. B. rothe Schiefer auf den Gränzen beider Gebilde am südlichen Harze, von welchen man kaum entscheiden kann, ob sie als die letzte Bildung des Schiefergebirges, oder als die erste des rothen Sandstein-Gebildes zu betrachten sind. —

Beim Muschelkalkstein mag sich hier und da Aehnlichkeit mit dem Kalkstein der Schiefer finden; dagegen die Zusammensetzung des ganzen Gebildes aus Kalkstein, Lettenflötzen, Fasergyps ꝛc. gar keine Aehnlichkeit mit der des Schiefergebirgs hat.

Endlich so stehen die Gebirgsarten des Kreide- und Sand-Gebildes gänzlich von denen unsers Gebirgszuges verschieden.

Wie in den Gebirgsarten, so nähert sich auch das rothe Sandstein-Gebilde, in Rücksicht seiner Schichtung, den Schiefern mehr als die beiden andern. Seine Schichten neigen sich meist wie die der Schiefer, in der Regel jedoch in kleinern Winkeln. Der Muschelkalkstein und das Kreide-Gebilde sind dagegen fast immer horizontal geschichtet.

Die Gränze zwischen den letzteren Gebilden und dem Schiefergebirge ist daher auffallend scharf, da über die meist steil gestürzten Schichten der Schiefer und der mit ihnen wechselnden Lager, horizontale Schichten des heterogensten Gesteines liegen. Omalius J. d. M. No. 142. S. 298.

Schwieriger ist es dagegen, ja oft unmöglich, eine scharfe Gränze zwischen dem rothen Sandstein- und Schiefer-Gebirge zu ziehen.

§. 19.

Begränzung des Schiefergebirges.

Nachdem ich nun im Allgemeinen gezeigt: welche Gebilde unser Schiefergebirge begränzen, und wie weit ein jedes, so will ich noch die theils eigenen, theils fremden Beobachtungen aufführen, welche mich bei näherer Bestimmung der Gränze geleitet.

Zur Begränzung des Harzes, welche nach Lasius, Hausmann und eigenen Beobachtungen gezeichnet ist, hatte ich folgende Belege:

1) Es findet sich rother Sandstein bei Ilsenburg. Hausmann Nordteutsche Beiträge II. S. 102. und eig. Beob.

2) Granit bei Ilsenburg. Hausmann Nordt. Beiträge II. S. 59., und E. B.

3) Rother Sandstein — Schiefer und Schiefer-Kalkstein, bei Blankenburg. E. B.

4) Rother Sandstein — Thonschiefer, zwischen Ballenstädt nnd Leimbach im Mansfeldschen. Eigene Beob.

5) Thonschiefer bei Stollberg.

6) Rothes Conglomerat und Steinkohlen, zum rothen Sandstein-Gebilde gehörig, bei Neustadt unterm Hohenstein. Hausmann a. a. O. S. 93.

7) Rothes Conglomerat, Steinkohlen, Porphyr bei Ilefeld. E. B.

8) Rothes Conglomerat bei Sülzhage. E. B.

9) Thonschiefer bei Zorge. E. B.

10) Thonschiefer — Flötzkalkstein bei Amt Neuhof, nahe Scharzfeld. E. B.

11) Thonschiefer und — Gyps bei Osterode. Eigene Beob.

12) Schiefer und Schiefer-Kalkstein bei Grund. Eig. Beob.

13) Flötzkalkstein bei Gittelde. E. B.

14) Schiefer bei Lautenthal. Hausmann.

15) Sandstein bei Seesen. Hausmann a. a. O. S. 103.

16) Schiefer bei Goslar. E. B.

17) Hornfels, Granit ꝛc. von Goslar nach Ilsenburg, um welche sich nördlich äußerlich in niederm Niveau Flötzkalkstein von Goslar über Schlevecke nach Eckerkrug zieht. E. B.

Die Beobachtungen, nach welchen ich den Hauptbezirk unsers Schiefergebirgs begränzt habe, werde ich in dieser Folge aufführen: daß ich in der Gegend von Bredelaur und Stadtbergen am nordöstlichsten Punkte des ganzen Gebirgsstrichs anfange, und von hier zuerst südlich, dann westlich ꝛc. die Gränze bis Tournay angebe, von da aber in östlicher Richtung nach Stadtbergen zurückkehre.

1) Bredelaur nahe Stadtbergen liegt am Abfall des Schiefergebirgs, besonders zeigt sich Kieselschiefer. Etwa eine Stunde von hier, nach Arolsen zu, kommt man auf Mandelstein und Flötzkalkstein, welche dem rothen Sandstein-Gebilde angehören. Der Kalkstein hat den oryktognostischen Charakter des sogenannten rauhen Kalksteins.

2) Thonschiefer bei Giebringhausen, Reinegge und Adorf. Marmorbrüche bei Giebringhausen. Blumenbach S. 395.

3) Schiefer von Adorf bis Dingeringhausen. Sand von da bis Corbach. Rhode 413.

4) Sandstein von Rhoden bis Vasbeck. Rhode 411.

5) Schiefer von Rehna bis Eimelrod. Ders. 401.

6) Thonschiefer bei Ense unterm Eisenberge; bei Ense selbst Kupferschiefer und Sandgebirge. Ders. S. 400.

7) „Ein Ast des Schiefergebirgs streicht nordöstlich durch (die Herrschaft Itter), zwischen diesem Ast und dem Hauptschiefergebirge, welches immer gegen Westen bleibt, entsteht eine niedrige Gegend. Die berühmten Flötzgebirge: Frankenberg, Itter, Godelsheim, Ense und Stadtbergen, finden sich hier zwischen diesem Gebirgsast und dem Hauptgebirge.“ Klipstein I. 1. S. 71.

8) Thonschiefer bei Jesberg. E. B.

9) „Das Hauptschiefergebirge streicht nun auf der westlichen Seite durch dies Amt (Battenberg) in das Köllnsche, und die meisten Dörfer liegen noch in diesem Gebirge; Battenfeld, Allendorf, Rennerthausen und Birkhofen aber in der grossen Ebene, welche östlich an dies Gebirge stößt — der Hauptbestandtheil der Ebene dieses Amts ist rother eisenschüssiger Sand.“ Klipstein II. S. 201.

10) Rother Sandstein bei Marburg. E. B.

11) Thonschiefer bei Gladenbach. Klipstein I. 4. S. 35.

12) Kalkstein mit Madreporiten bei Königsberg unweit Gießen. Klipstein I. 4. S. 20.

13) Thonschiefer von Gießen nach Butzbach zu. Eig. Beob.

14) „Die Stadt Butzbach liegt am Fuße des Schiefergebirges in der Ebene; ein großer Theil des Amts aber im Gebirge.“ Das Gestein des Hausbergs unweit Butzbach „ist ein brauner thonartiger mit Sand und Glimmer gemischter Schiefer; hier und da finden sich viel Hysterolithen und Rädersteine, die ebenfalls thonartig geworden sind. — Gegen Morgen, am Fuße des Hausbergs, sticht das marmorartige Kalkgebirge, weiß und graulicher Farbe, hervor. — Gegen Süden liegt das Dorf Münster. Hinter diesem Dorfe zieht sich ein niedriger Gebirgsast her, und lehnt sich an den Hausberg an. Er besteht aus einem feinen Thonschiefer.“ Klipstein II. 299 rc.

15) Thonschiefer von nördlich Homburg bis nördlich Hofheim. Leonhard. Karte.

16) Thonschiefer bei Wisbaden. E. B.

17) Flötzkalkstein bei Bergen unweit Frankfurth, und

jenseits des Rheins von Mainz nach Bingen zu. Eig. Beob.

18) Thonschiefer und Conglomerat bei Bingen. Der Thonschiefer zieht sich bis Münster an der Nahe. E. B.

19) Rothes Conglomerat zwischen Sarmsheim und Laubenheim. E. B.

20) Quarzfels und Schieferspuren bei Derrebach. Collini S. 578 rc.

21) Rothes Conglomerat und Porphyr bei Creutznach. Eig. Beob.

22) Grüner Schiefer, der in Grünstein übergeht, bei Winterburg. Von Winterburg nach Sponheim zu tritt Mandelstein ein. Calmelet J. d. M. No. 146. S. 142.

23) Rothes Conglomerat und darauf gelagerter basaltähnlicher Trappfels, bei Kirn. Eigene Beobachtung.

24) Thonschiefer, der in Kieselschiefer übergeht, in der Gegend von Herstein. Calmelet J. d. M. No. 146. S. 148.

25) Thonschiefer nordwestlich von Idar. Bonnard mündlich.

26) Mandelstein, der zum rothen Sandstein-Gebilde gehört, nahe Idar. E. B.

27) Thonschiefer nördlich von Birkenfeld — rothes Conglomerat bei Birkenfeld. E B.

28) Thonschiefer an der Mosel, ungefähr Eine Stunde unterhalb Trier. Bonnard mündlich.

29) Rotherl Sandstein von Trier nach Wittlich. Bonnard mündlich.

30) Rother Sandstein zeigt sich in unterbrochener Lagrung zwischen Wittlich, Steffeler (unweit Hildesheim) und Arzfeld. Omalius J. d. M. No. 143. S. 382.

31) Schiefer-Kalkstein bei Gerolstein und Pruym. Rose Siebengebirge II. 337.

32) Thonschiefer bei Stoltzenburg. Bei Bastendorf kömmt man aus dem Schiefergebiete ins Sandsteingebiet. Beaunier im Journ. d. Min. No. 92. S. 140.

33) Die Thonschiefergränze geht von Pruym auf Diekirch, Osperen, Florenville, Sedan, Mezières, Maubert-Fontaine nach Hirson. J. d. M. No. 143. S. 351.

34) Horizontale Muschelkalksteinbänke liegen bei Charleville auf den Schiefern. Monnet S. 84.

35) Muschelkalkstein erstreckt sich von Bittburg im Luxenburgischen bis Hirson. Omalius Journ. d. Min. No. 144. S. 453. Dieser Kalkstein

findet sich zu Grandpré, Buzancy, Mouzon, Carignau, Douzy, Sedan, Mezières, Maubert-Fontaine, Rumigny. Coquebert S. 316. Ich sah ihn bei Rumigny und von da eine Strecke nach Estaignières zu. Hier findet sich Dachschiefer. Nach diesen Beobachtungen habe ich es nicht genau ausmitteln können, wo die Begränzung der Schiefer durch rothen Sandstein aufhöre, wo die durch Muschelkalkstein anfängt. Ich nahm deshalb die Mitte zwischen dem westlichsten sichern Punkt wo Sandstein, und dem östlichsten sichern Punkt wo Muschelkalkstein die Schiefer begränzt — zwischen Bastendorf und Sedan.

36) Schiefer bei Hirson. Coquebert. S. 304.

37) Schiefer-Kalkstein bei Estraing, zwischen la Capelle und Avesnes. E. B.

38) Steinkohlengebirge bei Valenciennes. Omalius, Bonnard, Daubuisson.

39) Schiefer-Kalkstein bei Tournay. Omalius J. d. M. No. 142. S. 309. 313.

40) Kreide-Gebilde zieht sich von la Capelle bis Tournay (und Cassel). Omalius Journ. d. M. No. 143. S. 346. Die im Schieferbezirke sich findenden einzelnen Kreide- und Sand-Partieen habe ich §. 17. erwähnt.

41) Grünstein zu Lessines. Omalius Journal des Mines No. 142. S. 307.

42) Grünstein und Schiefer zu Quenast im Canton Herinnes. Omalius Journ. d. Min. No. 142. S. 304.

43) Das Schiefer-Gebilde bedeckt einen Theil der Cantons Enghien, Soignies, Hal und Nivelles. Omalius J. d. M. No. 142. S. 308.

44) Schiefer bei Braine le Comte. E. B.

45) Schiefer zu Gembloux. Omalius J. d. M. No. 142. S. 309.

46) Nach Omalius läuft die südliche Grenzlinie des Kreide-Gebildes vom Canton Nivelles nach dem Canton Aubel; die des calcaire grossier (der Pariser auf Kreide liegende Kalkstein) von Oudenaarde nach Maastricht. Omalius J. d. M. No. 140. S. 150. 152. Dethier zieht die Grenze des Steinkohlen- und Schieferkalkstein-gebiets nördlich von Fleurus, Namur und Lüttich, dann auf Rolduc. Dethier S. 398. Geht man von Namur der Löwener Straße nach, so verschwindet der Schieferkalkstein bald, Grus und Sandstein erscheint. An der Maas endet das Schiefergebirge oberhalb Visé, hierauf folgt, nach Maastricht zu, kreideartiger Kalkstein. E. B.

Die Kreide des Canton Aubel, zwischen Lüttich und Aachen, liegt noch im Bezirk des Schiefergebirges, welches in den Thälern hervortritt, und dessen Grenze nördlicher von Visé zum

47) Steinkohlengebirge bei Rolduc läuft. Omalius J. d. M. No. 142. S. 291. Bonnard S. 417.

48) Schiefer, dann Sand zwischen Aachen und Jülich. E. B.

49) Steinkohlengebirge bei Eschweiler. Omalius, Bonnard 2c.

50) Schiefer und Schieferkalkstein an der Roer, zwischen Düren und Jülich. Dethier S. 398.

51) Schiefer bei Montjoye und Schleyden. Dethier S. 399.

52) Sandstein, Sand und Grus bei Schleyden und Call. Dartigues S. 344.

53) Schiefer bei Münster-Eiffel. Bonnard mündlich.

54) Schiefer am Rheine oberhalb Bonn. Sand-, Grus-, Thon- und Braunkohlenlager in der Nähe von Bonn. Nose, Faujas, Omalius, Calmelet. Eig. Beob.

55) Schiefer bei Königswinter im Siebengebirge. Eig. Beob.

56) Schiefer bei Blankenberg. Nose, Siebengebirge II. 16.

57) Schieferkalkstein bei Bensberg, Gladbach, Erkrath, Ratingen, Lintorf und Wardew. Hardt S. 398. Eversmanns Karte und Nose Siebengebirge II. S. 4.

58) Sandsteinhügel zwischen Sohlingen und Opladen. Nose Siebengebirge II. S. 4. E. B.

59) Die Grenze des Steinkohlengebirgs von Essen bis Wickede nahe Unna, nach Eversmanns Karte und einer Revierkarte des Märkischen Steinkohlengebirgs.

60) Mergel bei Unna. Hövel S. 60. Eversmanns Karte und E. B.

61) Thonschiefer bei Arensberg. Nose Sauerland S. 63. Schiefer-Kalkstein ebendaselbst nach Eversmanns Karte.

62) Schieferkalkstein bei Warstein. Eversmanns Karte.

63) Mergel aus der Gegend von Unna bis nahe Warstein. Eversmanns Karte.

64) Thonschiefer und Kieselschiefer zwischen Brilon und Kaldenhaart. Noses Sauerland S. 55.

Wo die Begrenzung des Schiefergebirges durch Mergel in dieser Gegend aufhöre, und der rothe Sandstein anfange, konnte ich nicht genau bestimmen. Ich nahm daher auf der Karte an, daß dies zwischen

Warstein, dem letzten Punkte wo ich Mergel angegeben finde, und Stadtbergen geschehe, wo das rothe Sandstein-Gebilde gewiß auftritt. Stadtbergen aber war der Ort, von welchem ich bei Begränzung des Hauptschieferdistrikts ausging; diese schließt sich also hier.

Ich muß nun noch einige einzelne, auf der Karte angezeigte, Partieen des Schiefergebirges erwähnen.

Die eine liegt östlich bei Allendorf in Hessen, ihre Gränze kenne ich nicht genau.

Westlich sind die Partieen von Aniche und Arras. Sie liegen nicht zu Tage, sondern sind erst durch bergmännische Versuche unter dem Kreidegebirge entdeckt worden. Von ihren Gränzen kann daher nicht die Rede seyn.

Den Umfang des kleinen Schieferdistrikts von Pernes (Omalius J. d. M. No. 143. S. 346. Bonnard S. 429.) kenne ich so wenig, als den des Steinkohlen- und Schiefer-Kalkstein-Gebirgs von Hardinghen und Marquise.

§. 20.

Vergleichung unsers Schiefergebirgs mit andern Gebirgen.

1. Mit den Pyrenäen.

Die Pyrenäen steigen südlich von Perpignan aus

dem mittelländischen Meere herauf, und ziehen sich in WNW Richtung 85 lieues weit bis St. Jean de Luz an den atlantischen Ozean *).

Schiefer und Kalkstein, der reich an Hölen ist, scheinen in den Pyrenäen zu herrschen, nächst ihnen Granit. Conglomerat und Gyps zeigen sich sparsam.

Die Streichungslinie der Schichten ist dem Streichen des ganzen Gebirgszuges parallel von OSO. in WNW. Die Schichten stürzen sich senkrecht oder neigen sich unter starken Winkeln abwechselnd in NNO. und SSW. Die Kalksteinschichten zeigen häufig starke Windungen. Granitschichten laufen den Schiefer- und Kalksteinschichten parallel, und wechseln mit ihnen **).

---

*) Dieser § ist vorzüglich nach dem: „Essai sur la Mineralogie des Monts-Pyrénées 1781" ausgearbeitet.

**) Cordier Journal des Mines No. 94. S. 253 und 274. Essai sur la Miner. d. mts. Pyrénées, S. 252: „On voit par la description ci-dessus, que les bancs calcaires de Vic-Dessos se trouvent entre des masses de granit; arrangement qui semble devoir faire présumer que la formation de ces differentes masses a une seule et même epoque." Und Seite 284: „Au Boulon, bourg situé à quatre lieues Sud de Perpignan, on trouve des masses de granit. Après avoir passé la rivière du Tech, ils se trouvent mêlés avec du granit, traversé de veines de quartz. On voit des pierres calcaires à une petite distance Nord de l'Ecluse basse. Non

Die nördlichen französischem Pyrenäen fallen steil ab. An ihrem Fuße findet sich Grus, Kalkstein und thoniger Sandstein, die hin umd wieder mit einander wechseln, und der Beschreibung nach zu den jüngsten Flötzbildungen zu gehören scheimen.

Auf der südlichen spanischen Seite der Pyrenäen soll rother Sandstein liegen. J. d. M. No. 11. S. 29.

Vergleichen wir nun die Pyrenäen mit unserm Schiefergebirge, so herrschen Schiefer und Kalkstein mit Versteinerungen in beiden, Granit wechselt in beiden mit den Schiefern, Conglomerat kommt in beiden, jedoch nur selten vor.

Die sich auf einem langen Zuge gleich bleibende Streichungslinie aller Lager, beim Kalkstein sehr ge-

---

loin de-là, vers le Sud, du schiste grossier mêlé avec du granit; ces deux espèces de pierre renferment entre l'Ecluse basse et l'Ecluse haute, quelques bancs de marbre gris, qui se prolongent dans la direction ordinaire. La disposition de tous ces bancs ne permet pas de douter que leur origine ne soit de la même epoque. — Les bancs composés de schiste et de granit continuent jusqu'auprès de Bellegarde, où le granit est en masse et sans mélange de schiste. — A une demi-lieue ou environ en deçà de cette place forte, les bancs de schiste, mêlés avec du granit prennent une direction constante; leur inclinaison approche de la perpendiculaire."

wundene Schichturg und viele Hölen, sind ebenfalls beiden Gebirgszügen gemein.

Zuletzt, so scheint in den Pyrenäen, wie in unserm Schiefergebirge, auf der südlichen Seite rother Sandstein, auf der nördlichen dagegen ein junges Flötzkalkstein- und Sandstein-Gebirge zu liegen. So zeigt sich eine große wesentliche Aehnlichkeit zwischen den Pyrenäen und unserm Schiefergebirge. Verschieden scheinen sie vorzüglich darin zu seyn, daß in jenen die Steinkohlen fehlen, in diesem der Gyps.

§. 21.

2. Mit den Alpen.

Ihre Streichungslinie von der Dauphiné bis nach Steiermark ist der Streichungslinie der Lager unsers Gebirgszuges parallel; das Fallen der Alpenschichten ist in der Regel südlich, wie in unserm Gebirgszuge. So wie Kalkstein in unserm Gebirge auf der nördlichen Seite vorwaltet, so streicht auch nördlich von der Centralkette der Alpen der mächtigste Alpenkalksteinzug. Und dieser Alpenkalkstein ist durch Gestein, Versteinerungen, Hornstein welchen er enthält, durch sehr gewundene Schichten, welche bald in S. bald in N. fallen, und durch Reichthum an Hölen, unserm nördlichen Kalksteinzuge höchst ähnlich. Er wechselt, wie dieser, mit Thonschiefer, Grauwacke und zuweilen mit rothem Conglomerat; er schließt, wie dieser, mächtige Steinkohlenlager ein.

Durch solche Aehnlichkeiten ward ich auf dem Maaß-Durchschnitt von Fumay nach Namur lebhaft an den Durchschnitt der Linth von Linthal bis zum Wallenstädter See erinnert. Wenn nun der Durchschnitt des Alpenkalkstein-Gebildes die größte Aehnlichkeit besonders mit Durchschnitten auf dem westlichen Flügel unsers Schiefergebirges hat, so finden sich zwei bedeutende Verschiedenheiten zwischen der Zusammensetzung dieses Gebirges und der der Alpen.

1) Im Liegenden des Alpenkalksteins findet sich ein Nagelflue- und Sandstein-Gebilde, welches in unserm Gebirge fehlt.

2) Der Granit der Alpen-Centralkette darf nicht mit demjenigen verglichen werden, welcher mit unsern Schiefern wechselt, wofern die Angaben mehrerer Alpengeognosten unbestreitbar richtig sind: daß nehmlich die Schichten des Alpenkalksteins abweichend auf den Granit- ꝛc. Schichten der Centralkette liegen.

§. 22.

Zweifel, die Centralkette der Alpen betreffend.

Ist dies aber unbestreitbar wahr? — Sollten nicht die Alpengeognosten von dem Grundsatze ausgegangen seyn: Granit und Gneuß bilden die ältesten untersten Gebirgslager; diese streichen in der Mitte der Alpenkette; Kalksteinlager, welche nördlich von ihnen ziehen, müssen nördlich von ihnen abfallen? — Der höchst gewundene Alpenkalkstein zeigte nicht bloß südliches, sondern auch nördliches Fallen. Ist nicht jenem Grundsatze nach dies letztere Fallen als Regel desjenigen Kalksteins angenommen, welcher mit der Centralkette zusammengränzt?

Ich habe durchaus kein Urtheil über dieses Verhältniß, weil ich es nicht beobachtete, was mir aber auffällt ist dieses:

1) Die Aehnlichkeit unsers Schiefergebirges, und eben so der Pyrenäen, mit dem Kalkstein-Gebilde der Alpen, das mit Thonschiefer, Grauwacke ꝛc. wechselt, ist augenscheinlich. Da nun in den Pyrenäen, wie in unserm Schiefergebirge, der Thonschiefer, wie mit Kalkstein, auch mit Granit wechselt, so sollte man, der Analogie nach, in den Alpen, wo nicht einen gleichen Wechsel, wenigstens keinen so scharfen Lagerungsabschnitt vermuthen, wie abweichende Lagerung macht.

2) Die Gebirgsarten eines Gebildes, welches abweichend auf einem zweiten liegt, sind sonst von

den Gebirgsarten des unter ihm liegenden Gebildes gänzlich verschieden. So fanden wir die Gebirgsarten des Schiefer-Gebildes durchaus von den Gebirgsarten des abweichend auf ihm liegenden Kreide-Gebildes verschieden.

Daß eine Gebirgsbildung, welche wahrhaft abweichend auf einer zweiten liegt, anderweitig mit dieser zweiten wechsele, ist sonst unerhört.

Kein Lager des Kreide-Gebildes zeigt sich je zwischen den Schiefern, keins des Schiefer-Gebildes zwischen der Kreide.

Eine ganz andere Bewandniß müßte es mit der abweichenden Lagrung des Alpenkalksteins auf der Centralkette haben. Gebirgsarten, welche mit dem Alpen-Kalkstein wechseln — Gyps, Grauwacke, Kohlenblende — findet man eben sowohl unter den Lagern der Centralkette aufgeführt. Auf Thonschiefer soll der Alpen-Kalkstein abweichend, z. E. bei Sallenche, ruhen — und doch wechselt er nach Ebel an „unzähligen“ andern Punkten mit Thonschiefer, und geht durch Mengung in ihn über.

Noch weiter führt d i e s e Betrachtung. Eine Gebirgsbildung, welche abweichend auf einer zweiten liegt, hat mit der Streichungslinie, und überhaupt mit der Verbreitung der bedeckten Bildung, nichts zu schaffen. Man vergleiche noch einmal das Verhältniß des Kreide-Gebildes zum Schiefer-Gebilde.

Auf den steilen Schieferschichten, die an 100 Meilen Ein und dieselbe Streichungslinie behaupten, liegen horizontale, richtungslose Kreidelager, deren Verbreitung ganz unabhängig von der Verbreitung der Schiefer ist. Lagern sie von Maastricht bis Tournay nördlich auf den Schiefern, so breiten sie sich wie ein Meer über den sich hier verflächenden Schieferzug aus, und ziehen südlich und westlich tief in Frankreich hinein, wo sie sich an andere Grundgebirge anschließen, welche mit unserm Schieferzuge in gar keiner Verbindung stehen.

Wie ganz verschieden ist das Verhältniß des Alpenkalksteins zur Centralkette! Sein Zug hat Ein und dasselbe Streichen mit der Centralkette, er begleitet sie über 100 Meilen weit.

Wenn jene abweichende Lagrung der Kreide auf den Schiefern einen scharfen Bildungsabschnitt, eine neue Zeit bezeichnet, in welcher neue Gebirgsarten mit neuen Lagrungsverhältnissen entstanden, so deutet dagegen die Uebereinstimmung mehrerer Gebirgslager, und das ganz gleichförmige Streichen des Alpenkalksteins und der Centralkette, auf ein gemeinsames, umfassendes Gesetz, ihrer Bildung; es charakterisirt sie als Glieder Einer Epoche.

3) Ich betrachtete die Centralkette näher. Der Charakter des Schlesischen Granitgebirges lag mir vor Augen. Rings von Gneuß und Schiefern umgürtet, nimmt der Granit das Gebirge auf 25 deutsche Meilen im Umfange ein. Innerhalb dieses großen Gürtels sieht man fast einzig Ein und dieselbe gleichartige Bildung, Granit, und überall Granit, in großen ungeschichteten Massen. Selbst Gneuß fehlt. Keine Spur von Kalkstein, Gyps, Conglonerat; keine Spur vegetabilischer und animalischer Versteinerungen findet sich.

Verglich ich diese einförmige wahrhafte Central-Bildung mit der sogenannten Centralkette der Alpen, so zeigte sich kaum Eine Aehnlichkeit. Denn in dieser Kette wechseln die heterogensten, meist steil gestürzten, Lager von Granit, Gneuß, Thonschiefer, Kalkstein, Grauwacke, Conglomerat, Gyps und Kohlenblende. Ja, nach Brochant, hat man selbst miten in der Cen-

Centralkette — am kleinen Bernhard und bei Moutiers — bituminöse Schiefer mit Pflanzenabdrücken gefunden (J. d. M. No. 137. S. 358). Durch diese Beobachtung fällt das negative Merkmal, welches die Centralkette vorzüglich charakterisiren sollte — der Mangel aller Ueberreste organischer Wesen — weg.

Vorstehende drei Punkte machen es mir nun höchst zweifelhaft: daß der Alpenkalkstein abweichend auf den Lagern der sogenannten Centralkette ruhe — und daß überhaupt diese aus ONO. in WSW laufende Kette eine wahrhafte Centralbildung sey, an welcher sich nördlich und südlich jüngere Bildungen angelegt haben.

II.

Das

Kreide- und Sand-Gebilde,

nach Beobachtungen der Herausgeber,

in mehreren Departements

des nördlichen Frankreichs,

besonders

in der Gegend von Paris,

dargestellt

von

Karl von Raumer.

§. 1.

Die Formationen des Kreide- und Sand-Gebildes bei Paris und in mehreren Departements des nördlichen Frankreichs, folgen von unten nach oben zu, also auf einander. (Vergl. den Durchschnitt Fig. I.)

I. Die Kreideformation.

A. Gestein-Kreide.

Diese geht in einen dichten, gelblichgrauen Kalkstein über. In der Kreide liegen große dunkelrauchgraue, meist etwas platte Feuersteinknollen.

B. Versteinerungen. Br. S. 11.

Charakteristisch sind Belemniten. Br. Man hat bei Paris keine Univalve mit einfacher regelmäßiger Windung in der Kreide gefunden. Br. S. 13. nach Defrance.

C. Schichtung.

Die Kreide ist nicht deutlich geschichtet, doch liegen die Feuersteinknollen in horizontalen parallelen Ebenen schichtenartig. Bei Meudon ist dies bemerkbar, weniger bei Bougival, am ausgezeichnetsten am Petersberge bei Maastricht.

D. Lagrungsverhältniß. Siehe §. 7.

E. Verbreitung.

Die Kreide bedeckt einen großen Theil des nördlichen Frankreichs. Nach Handstücken in der mineralogisch-geographischen Sammlung der école des mines in Paris zu urtheilen, findet sie sich in den Departements: Aisne, Ardennes, Aube, Escaut, Eure, Indre und Loire, Jemappes, Loir und Cher, Marne, Meuse inferieure, Nord, Oise, Orne, Pas de Calais, Sarthe, Somme, Yonne.

Ich verfolgte sie aus dem Departement Aisne in nordöstlicher Richtung durch die Niederlande bis in die Gegend von Aachen. So sah ich sie bei Laon, Montcornet, Marle, zwischen Marle und Vervins, zwischen Mons und Maubeuge bei St. Tron, bei Henrichs-Capell zwischen Lüttich und Aachen, bei Maastricht und bei Galopp zwischen Maastricht und Aachen. Mit Brongniart (S. 12) rechne ich den Petersberg bei Maastricht zu dieser Formation. Sein Gestein ist kreideartig; daß es mit Sand gemengt ist, darf nicht auffallen, da die Pariser Kreide ja auch 19 p. Ct. Kieselerde als Sand enthält. (Bouillon la Grange).

Die der Kreide eigenthümlichen Lager von Feuersteinknollen, die Uebereinstimmung verschiedener Versteinerungen, besonders der charakteristischen Belemniten, endlich das erwähnte Vorkommen von ausgezeichneter Kreide in der Gegend von Maastricht, sprechen dafür.

Ob sich noch weiter, östlich von Galopp und Henrichs-Capell Kreide zeige, oder ob sie nach einer großen Unterbrechung erst wieder in Holstein und Rügen zum Vorschein komme, kann ich nicht sagen.

Aus dem nördlichen Frankreich setzt sie über den Kanal nach England hinüber, und nimmt einen großen Theil der östlichen Provinzen dieses Reichs ein.

§. 2.

II. Die zweite kieslige Formation *).

A. Gestein und Versteinerungen.

Das Gestein ist grober Quarzsand von perlgrauer Farbe mit ochergelben Streifen, zum Theil ganz ochergelb und sehr eisenschüßig, oft voll Glimmerschüppchen. Leberbraune Thonlager enthält der Sand von Bougival, schwache Thonlagen der Sand von Laon. Zwischen Chavignon und Laon, rechts von der Straße, fand ich folgenden Durchschnitt. Zu oberst:

a) Nummuliten-Kalkstein (vergl. §. 3.), darunter

---

*) Wegen der ersten kiesligen Formation vergleiche man §.

b) Graulich- und gelblichweißer sehr feinkörniger Sandstein, zum Theil mit Kernen von Bivalven (Cythereen?) und Univalven.

c) Sand.

d) Blaulichschwarzer Mergel voll weißer, kalkiger Ceriten und Cythereen, mit wohl erhaltenen beiden Schaalen.

e) Erdkohle.

Poiret berichtet (Journal de Physique Tom. 51. S. 293), daß zwischen den Erdkohlenlagern bei Soissons ein Mergellager mit ausgezeichneten Süßwassermuscheln liegt. Nach eben demselben (S. 295.) kommen Bernstein, Knochen, gelbe, braune und röthliche Ochern und Alaunerde in den Erdkohlenlagern vor; nach Lemaistre (Journ. d. Min. No. 35. S. 870) verkohltes Holz von der Leichtigkeit der künstlichen Holzkohle, und fossiles braunes Holz. Auch bei Sèvres findet sich bituminöses Holz in diesem Sande; eben so bei Bougival, nebst thonigem Brauneisenstein *).

*) Im Journ. d. Min. No. 25. S. 57. findet sich folgende Beschreibung dieser Erdkohle, welche sich an vielen Punkten des nordfranzösischen Kreide- und Sandgebirges zeigt: „Ihre Farbe ist ein schwärzliches Grau, oder ein mattes glanzloses Schwarz, mit Theilen vermischt, die ins Braune ziehen ...

B. Schichtung.

Der Sand zeigt keine Schichtung; der Sandstein und Mergel bilden horizontale Schichten.

C. Lagrungsverhältniß.

Wir sahen das Liegende dieser Formation durch

Zuweilen nähert sich ihre Consistenz der der Steinkohle, andremale ist sie sehr zerreiblich. Ihr Bruch bietet weder den muschlichen oder glasartigen Glanz, welcher den verschiedenen Arten der Steinkohle mehr oder minder eigen ist, und eben so wenig zeigt sie das Erdige, Matte und oft Fasrige des Torfs. Die meisten dieser kieshaltigen Erden, schmecken mehr oder minder stiptisch ... Der feuchten Luft ausgesetzt, verwandelt sich der in ihnen eingesprengte Schwefelkies in Eisenvitriol, die Erdkohlen zersetzen sich und blühen aus. Sind sie in etwas bedeutenden Haufen aufgeschüttet, so ist diese Zersetzung gemeiniglich mit einem solchen Grade von Hitze begleitet, daß die ganze Masse sich entzündet und langsam verzehret, indem sie einen schwachen Rauch ausstößt, der mit einer fast unbemerkbaren violblauen Flamme gemischt ist, und einen unangenehmen durchdringenden Geruch von Schwefelsäure verbreitet, dem gewöhnlich ein ziemlich angenehmer bituminöser Geruch folgt. Nach der Verbrennung bleibt eine leicht zerreibliche Masse übrig, welche sich mehr oder minder ins Rothe zieht, je nachdem sie mehr oder minder Eisen enthält."

Zur Feuerung sind diese Kohlen unbrauchbar. Man bedient sich ihrer als Dünger; entweder ehe man sie dem Feuer aussetzt, oder nachher. Jene heißen cendres noires oder houille d'engrais crue, diese cendres rouges. Außerdem gewinnt man Eisenvitriol und Alaun aus ihnen.

keinen Durchschnitt entblößt. Daß es Kreide sey, darauf lassen folgende Beobachtungen mit Sicherheit schließen.

a) Bei Bougival fanden wir ganz nahe neben einander an Ein und demselben Gehänge einen Kreidebruch und eine Sandgrube, welche letztere nur um weniges höher als der Kreidebruch lag.

b) Wenn man den Berg von Laon, der größtentheils vom Sande unsrer Formation gebildet wird, in die Ebene hinuntersteigt, so findet man fast unmittelbar am Berge, auf der Straße nach Marle, Kreide als Unterlage des Berges.

Hiermit stimmen auch viele von Brongniarts Beobachtungen: S. 79. 81. 85. 92. 93. 100. 133; vergleiche unten §. 9. und den Durchschnitt, welchen Lemaistre von den Bergen bei Laon giebt, den ich im folgenden §. mittheilen werde.

D. Verbreitung.

Vergleiche den folgenden §. C., nach welchem sich diese Formation in den Departements Seine, Seine et Oise, Oise und Aisne bestimmt findet. Ihr gehören wahrscheinlich auch die Erdkohlenlager im Departement der Somme an. Vergleiche auch §. 5. E.

§. 3.

III. Die Kalksteinformation.

A. Schichtung und Gestein.

Die Schichtung ist ausgezeichnet, meist horizontal. Dies Gestein kann nach der Schichtenfolge von unten nach oben zu in folgende 3 Hauptmassen eingetheilt werden.

a) Unterste Masse (Br. S. 20. ꝛc.). Der Kalkstein ist zunächst seiner Auflagrung auf Sand grobsandig, enthält Grünerde in Schüppchen, und eine Menge weißer kalkiger Muscheln, auch Muschelkerne. Besonders charakteristisch für diese Masse sind Nummuliten, welche sich in der Pariser Gegend zwar nur sparsam, z. B. bei Carrieres St. Denis zeigen, in desto größerer Menge aber bei Villers Cotterets, Soissons, Bray en Laonois, Chavignon, Laon, La Ferté Milon, wo sie fast alle übrigen Versteinerungen verdrängen, ja wo das Gestein fast einzig aus Nummuliten zusammengesetzt ist.

Der unterste sandige Kalkstein zerfällt sehr leicht; nach oben zu wird er in dem Maaße fester, als die Größe und Menge der beigemengten Quarzkörner abnimmt.

b) Mittlere Masse. Quarzkörner, Grünerde, Muscheln mit weißen kalkigen Schaalen hören auf. Der Kalkstein ist von graulichgelber Farbe, zum Theil oolithenartig aus sehr kleinen rundlichen Körnchen zusammengesetzt. Theils ohne Versteinerungen, theils mit Kernen und Eindrücken von Univalven und Bivalven, in welchem Falle das Gestein meist etwas fester und mehr grau als gelb ist. Vorzüglich charakteristisch sind Abdrücke und Kerne von Ceriten. Als Seltenheit zeigen sich Planorben unter den Meerversteinerungen bei St. Maur und Passy. Abdrücke von Blättern und Fucus finden sich in dieser Masse (Br. S. 25.). Sie liefert vorzüglich den Pariser Baustein.

c) Dritte Masse. Der graulichgelbe Kalkstein verliert sich. Ceriten werden selten. Es zeigen sich vorzüglich 3 Arten von Kalkstein.

1) Blaßaschgrauer, der sich ins Gelblichgraue verläuft, dicht, von ebenem Bruche ist, und häufig feine dendritische Zeichnungen hat. Er enthält Univalven, doch nicht in Menge. Bougival, Carrieres St. Denis, Passy, Vaugirard, Argenteuil.

2) Der genannte Kalkstein zieht sich ins Graulichweiße und Kreideweiße, nähert sich überhaupt der Kreidenatur, nur daß er härter

und zum Theil fein porös ist. Er enthält Cyclostomen bei St. Ouen, Ceriten, Lymnäen und Planorben in denselben Schichten bei Bougival.

3) Die obersten Schichten der 3ten Masse bestehen meist aus bräunlichgelbem feinspäthigem Kalkstein, der Univalven enthält, die gleichfalls in Kalkspath verwandelt sind. Bougival, Charenton, Issy.

Mit diesen 3 Arten von Kalkstein der dritten Masse wechselt graulichgrüner Klebschiefer — Carrieres St. Denis, Bougival — und graulichweißer, der von Univalven wimmelt. St. Ouen.

Wenn die unterste Schichtenmasse durch beigemengten Sand, die mittlere durch reines Hervortreten des Kalksteins charakterisirt ist, so wird es diese oberste durch einige (chemische) Verbindungen von Kiesel und Kalk, Uebergänge von kiesligem Gestein in Kalkstein, und reines Auftreten von kiesligem Gestein. Dergleichen Uebergänge von Kalkstein in Feuerstein und Menilit, sieht man vorzüglich schön am Thalgehänge der Seine bei St. Ouen und St. Denis. Oefters ergiebt es sich erst aus Proben der Härte und mit Säuren, ob man ein kalkiges oder kiesliges Fossil vor sich hat. Rein tritt das kieslige Wesen in dieser 3ten

Schichtenmasse auf, als Feuersteinlagen im Kalkstein — St. Ouen, Carrieres St. Denis; als Drusen von Quarz und Bergkrystall (Br. S. 91 rc.) zu Bougival, Carrieres St. Denis; als Gypsdrusen die in Quarz verwandelt sind, in deren holen Linsen Kalkspath sitzt. Carrieres St. Denis, St. Ouen, Passy (Br. S. 102.).

In denselben Schichten, in welchen sich die Quarzdrusen finden, zeigt sich honiggelber Kalkspath, die varieté inverse. Carrieres St. Denis, Neuilly, Charenton, Passy, Bougival.

Gelbe Flußspathwürfel fand Lambotin in ihnen.

In der zweiten Schichtenmasse sahen wir bei Nanterre eine eigne Erscheinung (Vergl. Br. S. 87. 93 rc). Der Kalkstein bildet hier, wie gewöhnlich, ziemlich mächtige horizontale Schichten, und enthält die die zweite Masse charakterisirenden Ceriten. Die Steinbrüche von Nanterre sind theils Tagebrüche, theils unterirdisch grottenartig. Im horizontalen Kalksteindache dieser Grotten sieht man eine Menge Hölungen. Sie gleichen Kuppeln, und sind von einer Spanne bis zum Lachter im Durchmesser. Unter solchen Kuppeln trifft man auf dem Boden Letten, Sand und Feuersteine. Sie sind aus ihnen herabgefallen, wie die ähnlichen Ueberbleibsel in den Kuppeln selbst zeigen.

In den Tagebrüchen sieht man den senkrechten Durchschnitt dieser eigenen Bildungen. Sie zeigen sich auf den Schichtungsklüfften als längliche Nieren von grünem und rothem Letten, oder, wo dieser heraus ist, als Hölungen. Größere Nieren ziehen sich in die oberen und unteren Schichten tiefer hinein, ja einige wachsen in dem Maaße, daß sie sich durch die zunächst angränzenden, ja durch mehrere Schichten hindurch erweitern. Die körperliche Gestalt dieser Massen ließe sich mit der eines großen Schlauchs vergleichen. Das Gestein ist scharf vom Kalkstein getrennt, zunächst an diesem findet sich meist grüner Letten, und in diesem, wenn die Massen groß sind, wiederum rother lettiger Sand und Feuersteine. Alles dies zeigt durchaus kein Aufbrausen mit Säuren, wir fanden auch keine Conchylien darin, da doch brausender Kalkstein mit Ceriten diese Bildungen von Letten, Sand und Feuersteinen, um und um einschließt. Denn nur selten stoßen dieselben bis zu Tage aus, meist ziehn sich mächtige Kalksteinschichten über sie hinweg, so daß an keine Ausfüllung von oben zu denken ist. Der nahe rothe lettige Sand mit Feuersteinen — am Wege vom Mont Calvaire nach Nanterre — welcher den Kalkstein bedeckt und den genannten Bildungen ganz ähnlich ist, könnte zu dieser Hypothese verführen.

B. Versteinerungen.

Siehe Br. S. 23. rc. S. 73. rc. unter der Rubrik: calcaire marin. Daß Nummuliten für die unterste Schichtenmasse, Ceriten für die mittlere charakteristisch sind, daß ferner in der 2ten und 3ten Schichtenmasse Süßwassermuscheln und Seemuscheln zusammen vorkommen, habe ich bemerkt.

Blattabdrücke zeigen sich, wie schon erwähnt, an vielen Punkten, zum Theil mit Meerversteinerungen, besonders mit Ceriten zusammen. Sie möchten meist unserer mittleren Masse angehören. Vergl. Br. S. 109. 110. 119. 125. 128.

C. Lagrungsverhältniß.

Die Auflagrung des Kalksteins auf dem Sande der 2ten kiesligen Formation, sahen wir

1) Bei Bougival.

2) Bei Sevres.

3) Bei Carrieres St. Denis.

4) Zwischen Chatou und Carrieres St. Denis.

5) Bei la Ferté Milon.

6) Bei Villers Cotterets nach Nanteuil zu.

7) Bei Verberie.

8) Bei Bray en Laonois.

9) Bei Soissons.

10) Auf dem Wege von Soissons nach Chavignon.

11) Bei Chavignon.

Alle diese Beobachtungen waren unzweideutig. Mit ihnen stimmt folgender Durchschnitt überein, welchen Lemaistre von den Gebirgsbildungen von Laon und der Gegend giebt. (Journal des Mines No. 35. S. 856.)

1) Unter 3 Fuß Dammerde eine Kalksteinmasse (welche unserm Kalkstein entspricht), deren Mächtigkeit . . . . 50 Fuß.
2) Thonlage . . . . . 6 — }
3) Feiner Sand . . . . 232 — } Die 2te kieslige Formation.
4) Thonige Erde . . . 9 — }
5) Kreide, welche man bei 150 Fuß noch nicht durchsunken hat.

D. Verbreitung.

Nach den Handstücken in der école des mines zu urtheilen, findet sich die Kalksteinformation in folgenden zur nordfranzösischen Niederung gehörigen Departements: Aisne, Dyle, Escaut, Indre und Loire, Marne, Nord, Oise, Roer, Sarthe, Seine und Marne, Seine und Oise.

Von Laon bis Brüssel verlor ich dieselbe aus den Augen. Zwischen Brüssel und Löwen sah ich sie wieder. Die Kalksteinschichten wechselten hier mit Schichten von Sand, der zu oberst rein heraustrat.

§. 4.

IV. Die Gypsformation.

A. Gestein und Schichtung.

Die Schichten dieser Formation sind von sehr verschiedener Mächtigkeit, und liegen ausgezeichnet gleichlaufend horizontal über einander.

Sie bestehen aus Gyps, Mergelgyps, Mergel und Klebschiefer.

Wie diese mit einander wechseln, zeigt der beigefügte Durchschnitt von Montmartre, welcher bis auf einige unwesentliche Modificationen, für die Gypsbildungen bei Argenteuil, Pantin und Belleville mit gilt. Man kann diesen Durchschnitt zur bequemeren Uebersicht in folgende 6 Theile zerlegen.

1) Die Schichten 1 — 14 incl. Sie begreifen die 3te und 2te Masse der Franzosen. Mergelgyps wechselt mit stenglichem Fraueneise, Klebschiefer und Kalkmergel. Charakteristisch sind: die Gypsrosen und die aus vierseitigen Pyramiden zusammengesetzten Mergelwürfel in No. 4. (gefunden von Desmarest und Prevost) — die Gypslinsen in 5, — die menilitartigen Bildungen in 12 (zu Argenteuil), der schwefelsaure Strontian in 14.

Außerdem die Meerversteinerungen in 2 bis 4, die Fischversteinerungen in 4 und 14.

2) Die Schicht No. 15., die haute masse der Franzosen, durch ihre große Mächtigkeit leicht in Argenteuil, Pantin ꝛc. wieder zu erkennen. In ihr liegen die Knochen von vierfüßigen Thieren, Vögeln und Schildkröten, auch Fischskelette. Eine Süßwassermuschel (Cyclostoma mumia) soll in dieser Schicht gefunden worden seyn. Br.

3) Die Schichten 16 bis 20 incl. Mergelgyps und Mergel wechseln mit einander. Der Mergel ist theils grünlichgrau, theils gelblichweiß, mit einem ocherbraunen Beschlage auf den Schichtenablosungen; daher die Schichten im Queerdurchschnitt braune horizontale parallele Streifung zeigen. Er enthält viel Fraueneis. Sehr charakteristisch sind vorzüglich die kreideartigen Mergelschichten 17 und 19, welche bei Belleville und Pantin die Gypsschichten verdrängen, die auf Montmartre mit ihnen wechseln und Eine mächtige Schicht bilden. In 17 finden sich auf Montmartre sparsam Univalven. Eben dieser Schicht entspricht nun die Eine

mächtige Schicht zu Pantin, welche Lymnäen und Planorben enthält.

4) Die Schicht 21 charakterisirt durch Meerversteinerungen. Bei Pantin liegt der schwefelsaure Strontian unter den Cythereen und Spirorben? Bei Belleville finden sich Cythereen und Spirorben; bei Argenteuil Ceriten? in der entsprechenden Schicht.

5 Die Schichten 22 und 23. Grüner sehr mächtiger Mergel, von Gypskrystallen nach allen Richtungen durchzogen. Bei Argenteuil liegen große Gypslinsen in ihm.

6) Die Schichten 24 — 29 incl. zwischen dem vorigen Mergel und dem Sande, welcher die Höhen von Montmartre, Belleville rc. bedeckt. Der Mergel ist zum Theil sandig. Charakteristisch sind die Versteinerungen, besonders die Austern. Ausgezeichnet sind diese Schichten bei Argenteuil, wo zudem noch über der 22sten Schicht eine ziemlich mächtige Bank Gyps liegt.

B. Versteinerungen.

Siehe den Durchschnitt, und Brongniart S. 40 rc.

C. Lagrungsverhältniß.

Der Kalkstein, den ich im vorigen §. beschrieben,

ist das Liegende der Gypsformation, wie aus Brongniart Beobachtungen bei Triel (S. 177), Clamart, Villejuif (S. 181) und Fontenay aux Roses (S. 182 ꝛc.) hervorgeht.

Die Kalksteinflötze von Carrieres St. Denis scheinen nördlich den Gyps von Argenteuil zu unterteufen. — Die Schichten, welche sich oberhalb Argenteuil im niedrigen Niveau an der Seine, über Epinay und St. Denis nach St. Ouen hinziehen, haben die größte Uebereinstimmung mit der obersten Schichtenmasse der Kalksteinformation. Sie sind, wie diese, durch grauen dichten Kalkstein mit Dendriten, kreideartiges Gestein, Klebschiefer, Feuerstein und Quarzrosen charakterisirt, und enthalten gewissermaßen Vorspiele der Gypsformation *). So die erwähnten Quarzrosen — verwandelte Gypsrosen — und Feuerstein, der aus lauter metamorphosirten Gypslinsen besteht, wie die Durchschnitte auf dem Bruche deutlich zeigen.

Auf diesen Schichten liegt nun bei St. Denis (Br. S. 227) thoniger, kalkiger, sandiger und Gypsmergel, der Rosen von wirklichen Gypslinsen enthält. Diese Schichten können mit Recht als die letzten der

*) Das Aehnliche bemerkte Coupé, Br. S. 193.

Kalkstein- und zugleich als die ersten der Gyps-Formation, als zum nördlichen Fuße des Montmartre gehörig, betrachtet werden. Diese Ansicht wird durch den von Brongniart (S. 169) mitgetheilten Durchschnitt der Schichten, welche man beim Brunnengraben in der Straße Rochechouart, am südlichen Fuße des Montmartre, beobachtete, vollkommen bestätigt. Unter abwechselnden Gyps- und Mergellagen, traf man weißlichen und graulichen blättrigen Mergel (Klebschiefer?), auch kalkigen Mergel mit Süßwassermuscheln, zum Theil denselben, welcher sich bei St. Denis findet; unter diesem Mergel aber Kalkstein mit Meerversteinerungen — der Kalksteinformation. — Man vergleiche Brongniarts Durchschnitt von Paris nach Montmorency.

D. Verbreitung.

Nach Handstücken in der école des mines und Brongniarts Angaben, kommt die Gypsformation in den Departements Seine et Oise, und Seine et Marne vor. Doch dürften Gypsrosen von Mans im Departement Sarthe hierher zu rechnen seyn.

Eine ähnliche Formation scheint sowohl nach Beschreibungen als nach Handstücken in der école des mines im südlichen Frankreich, Departement Vaucluse, vorzukommen. Vergleiche Voyages de Saussure III. S. 327 ꝛc.

§. 5.

V. Die dritte kieslige Formation.

A. Gestein.

Loser Sand meist von ochergelber Farbe, ist herrschend. Montmartre, Argenteuil, Versailles.

Sandstein bildet Schichten im Sande — Belleville — oder liegt in losen Blöcken auf dem Sande — Montmartre; zwischen Nanteuil le Haudouin und Villers Cotterets. Er constituirt selbst kleine Felsenkämme — zwischen Nanteuil le Haudouin und Villers Cotterets; bei Crouy sur Ourcq; zwischen Ouchy und Soissons.

Zuweilen wird der Sandstein immer feiner und fester, und geht zuletzt in reinen Quarz über, der mächtige Schichten zwischen losem Sande bildet. Orsay, L'ozere. Dieses ist der Pariser Pflasterstein.

Rundliche Feuersteine liegen geschiebartig im Sandsteine. Nehmen sie im Verhältniß zur bindenden Sandsteinmasse zu, so daß ihre Conturen fast in einander verfließen, so entsteht der Puddingstein. La Fere, Monceaux le Leups *).

*) Ich sah diesen Uebergang von Sandstein in Pudding-

Lager von löchrigen zerfressenen **Hornsteinen**, die sich dem Feuerstein nähern, finden sich zu La-Ferté sous Jouarre und Houlbec im Sande (Br. S. 210). Sie werden als Mühlsteine benutzt.

Auf der Höhe von Guespelle — zwischen Senlis und Louvres — zeigt sich eine Schicht Kalkstein, der fast ganz aus den saubersten glänzend weißschaaligen Meerversteinerungen besteht, zwischen diesem Sande.

B. Versteinerungen.

Meermuscheln. Der Sandstein, welcher diese enthält, liegt theils auf dem Sande — Montmartre — theils im Sande — Belleville — vergl. Br. unter dem Artikel grès marin S. 45 und 205; für das Vorkommen bei Guespelle S. 82.

C. Schichtung.

Sandstein und Quarz bilden Schichten in und auf dem Sande.

D. Lagrung.

Der Sand liegt auf der Gypsformation. Montmartre, Argenteuil, Dammartin rc. Fehlt der Gyps, so folgt er unmittelbar der Kalksteinformation. So

---

stein nur in losen Blöcken, und kenne daher das Lagrungsverhältniß nicht mit Sicherheit.

bestehen viele Höhen bei Paris aus Sand, an deren Abfall sich Kalkstein zeigt; z. B. die Höhen an deren Abfall Sèvres, Bougival ꝛc. liegen. So auch die Höhen zwischen Senlis und Louvres, zwischen Verberie und Senlis, zwischen Nanteuil le Haudouin und Villers-Cotterets.

E. Verbreitung.

Bei großer Aehnlichkeit des Gesteins der 2ten, 3ten und selbst der 1sten im §. 7. zu erwähnenden kiesligen Formation, läßt sich die Verbreitung der 3ten kiesligen Formation für sich, nicht mit Sicherheit nach Handstücken bestimmen. In der Regel eben so wenig auf Durchschnittsreisen, wofern man Ober- und Unter-Lager nicht genau beobachten kann.

Schwinden die aufgestellten Gyps- und Kalksteinformationen, so fallen überdies die 2te und 3te kieslige Formation zusammen; fehlt auch die Kreide, und der Sand oder Sandstein bedeckt älteres Gebirge, ohne selbst bedeckt zu seyn, so sind alle 3 kieslige Formationen als Eine zu betrachten.

Ich muß daher die nähere geognostische Bestimmung folgender Vorkommnisse künftigen Beobachtern überlassen. Es findet sich nehmlich in der école des mines aus dem Departement:

Aisne, Puddingstein.

Eure et Loir, Puddingstein.

Jemappes, Quarz (Pflasterstein bei Ath).

Loiret, Quarziger Sandstein.

Oise, Quarziger Sandstein und Puddingstein.

Sarthe, Puddingstein.

Seine inferieure, Feuerstein im quarzigen Sandstein.

Seine et Marne, Puddingstein.

Seine et Oise, Sandstein.

Yonne, Quarziger Sandstein und Puddingstein.

Zwischen Brüssel und Löwen sah ich den Sand auf dem Kalkstein. Er gehörte also zur 3ten kiesligen Formation. Aber bei den folgenden Beobachtungen sind mir die Ober- und Unterlager nicht bekannt.

In Löwen, und auf der Straße von da nach Namur, fand ich röthlichbraunen eisenschüssigen Sandstein. Auf dem Wege von Löwen nach Lüttich zeigt sich häufig gelber Sand unter der Dammerde. Er enthält bei Oreilly eine Lage Feuerstein. Mächtig ist er zwischen Henrichs-Capell und Aachen, auch am Lausberge bei Aachen, wo er von Feuersteinen bedeckt wird, und Schichten von quarzigem Gestein einschließt.

Weiter verfolgten wir den Sand über Jülich und Bergen, bis in die große Rheinebene in der Nähe von

Cölln. Jenseits des Rheins fand ich ihn wieder bei Opladen und nach Sohlingen zu, doch wird die Beobachtung hier wegen der weit um sich wirkenden Rheinfluthen unsicher *).

---

*) Den Beschreibungen nach, haben die Sand- und Thonlager von Leyfeld im Nördepartement und von Brühl unweit Bonn, welche untergeordnete Braunkohlenlager enthalten, große Uebereinstimmung mit den §. 2. beschriebenen Erdkohlenlagern der 2ten kiesligen Formation, und gehören höchst wahrscheinlich zwar nicht dieser bestimmten Formation, doch unserem großen Sandgebilde überhaupt an.

Nöggerath rechnet den Sandstein und Grus, in welchem die Bleierze von Call ꝛc. brechen, zur bunten Sandsteinformation. Ich kann mir kein Urtheil hierüber anmaaßen, da ich nicht selbst in Call war. Was mich aber bewegt zu glauben, jener Sandstein gehöre unsrem Kreide- und Sand-Gebilde an, ist dies:

1) Weil sich die bunte Sandsteinformation auf dem nördlichen Abfalle des Schiefergebirges von Warstein in Westphalen bis Tournay in den Niederlanden, so viel mir bekannt, nirgends zeigt. Dies Vorkommen bei Call wäre daher eine ganz einzelne Ausnahme.

2) Weil die Beschreibung des Gesteins vom Bleiberge nicht auf die bunte Sandsteinformation, sondern auf unsere Sandbildung paßt. Dartiques sagt (Journal des mines No. 131. S. 344.): der Bleiglanz liege in einem kiesligen gelblichen oder weißlichen schwach zusammengebackenen Sande. Dieser Sand sey oft mit Rollkieseln gemengt, welche gewöhnlich das Dach der Erzniederlage bildeten, ja oft selbst Erz enthielten.

§. 6.

VI. Die Feuerstein- und kieslige Kalkformation.

A. Gestein.

Feuerstein; meist von gelblichbrauner Farbe, die sich zuweilen dem Hornstein, zuweilen dem Chalzedon nähern. Einige haben nicht volle Feuersteinhärte, und ziehn sich dann ins Thonartige. Ein rother und gelblichbrauner sandiger Letten umschließt sie bei L'ozere und am Wege vom Mont Calvaire nach Nanterre.

Aus den Feuersteinen findet sich ein Uebergang durch kieslig-kalkige Bildungen in reinen Kalkstein. Montreuil, Champigny. Im Feuerstein, auch chalzedonartigen Gestein zeigen sich zuerst fast unmerklich kleine Partieen von grauem dichtem Kalkstein, die allmählig zunehmen, so daß zuletzt reiner Kalkstein hervorgeht, der bei Champigny große Massen bildet, auf welchen Kalksteinbrüche angelegt sind. Vergl. Br. S. 140.

---

3) Weil mir die von Dartiques gegebene Beschreibung auf die Sand- und Grus-Formation von Opladen ganz zu passen scheint, um so mehr, da auch in dieser (nach Nose) eine Masse Bleiglanz gefunden worden. Der Sand und Grus von Opladen gehört aber, wie ich glaube, seinem ganzen Charakter nach zu unserer Sandformation; keinesweges zu der des bunten Sandsteins.

B. Versteinerungen.

Schon in der 1sten kiesligen Formation, dann in der des Kalksteins und Gypses, zeigten sich Süßwassermuscheln, jedoch nur untergeordnet; Meerversteinerungen herrschten. In dieser jüngsten Flötzbildung kehrt das Verhältniß sich ganz um: Süßwasserversteinerungen, besonders Lymnäen und Planorben, herrschen. Diese finden sich im Feuerstein — bei Longjumeau, Champlan, Dammartin, Romainville, Argenteuil, Jouy ꝛc. — im kiesligen Kalkstein und reinen Kalkstein bei Montreuil. Bei Longjumeau und Champlan zeigen sich Lymnäen, Planorben und Potamiden? ... in denselben Stücken. Gyrogniten — nach Leman Pflanzensaamen — enthalten die Feuersteine von Argenteuil, Dammartin ꝛc; Eindrücke von Zweigen, die Feuersteine von Longjumeau, mit welchen auch fossiles Holz vorkömmt. Vergl. Br. S. 53. 186. 214. ꝛc.

C. Schichtung.

Die Feuersteine liegen in plattenförmigen Stücken wie aufgeschüttet auf dem Sande der 3ten kiesligen Formation. Der kieslige Kalkstein ist nur undeutlich geschichtet.

D. Lagrung.

Wie eben erwähnt, liegen die Feuersteine auf dem Sande der 3ten kiesligen Formation.

Die kieslig-kalkige Formation von Montreuil ruht auf einem Plateau, an dessen Abfällen sich fast rings Gypsbrüche finden — so bei Pantin, Belleville, Montreuil, Fontenay aux Bois. — Bei horizontal geschichtetem Gestein kann dies für eine directe Beobachtung des Liegens über dem Gypse gelten. Von dem bezeichneten Plateau läßt sich aber dies Gestein bis nahe an die Marne verfolgen, nach welcher hin es sich verflächt. Jenseits der Marne zeigt es sich wieder bei Champigny im tiefern Niveau. Hier kann man jedoch keine Beobachtung über das Liegende machen, weil kein Durchschnitt gegeben ist. (Vergl. §. 10.)

Wie sich der kieslige, Süßwassermuscheln enthaltende Kalkstein (von Montreuil) zur 3ten kiesligen Formation verhalte, haben wir nicht beobachtet. Brogniart führt aber — unter dem Artikel Terrain d'eau douce superieur — mehrere Beobachtungen an, nach welchen dieser Kalkstein auf dem Sande liegt. Br. S. 218. 219. 220. 222. 223.

E. Verbreitung.

Nach den Handstücken in der école des mines zu urtheilen, findet sich diese Formation in folgenden Departements:

Eure. Kiesliger Kalkstein.

Eure et Loir. Kiesliger Kalkstein.

Loiret. Kiesliger Kalkstein mit ausgezeichneten Süßwassermuscheln.

Mayenne et Loire. Kiesliger Kalkstein.

Meuse.? Feuerstein und chalzedonartiges Gestein.

Orne. Kiesliger Kalkstein.

Seine et Marne. Kiesliger Kalkstein mit Lymnäen und Planorben.

Seine et Oise. Feuerstein mit Lymnäen.

Bei Mons — Departement Jemappes — fand ich Stücke von kiesligem Kalkstein mit Quarzkrystallen, welche dieser Formation anzugehören scheinen. Am östlichsten sah ich dieselbe am Lausberge bei Aachen, wo eine mächtige Masse Feuersteine auf Sand liegt.

§. 7.

Die Lager unter der Kreide.

So tief man auch bei Paris in der Kreide niedergegangen ist, so hat man ihr Liegendes doch nicht ersunken.

Daubuisson und Bonnard geben Durchschnitte der Flötze, welche bei Valenciennes und Arras unmittelbar auf dem Steinkohlen- und Schiefer-Gebirge ruhen *); das Resultat derselben ist dieses:

---

*) Journal des Mines No. 104. und No. 156.

Unter der Kreide — in welcher sich öfters ein grünes chloritartiges Fossil in Menge findet — liegt ein Thonlager, unter diesem: Sandstein (sogenannte Tourtia), dessen Korn vom Feinsten bis zu Kinds-kopf-Größe anwächst.

Sein Bindemittel ist kalkig, die inliegenden Stücke sind schwarz hornsteinartig. Er enthält Versteinerungen, und die oft erwähnte grüne chloritartige Materie. Diese nimmt zuweilen so an Menge zu, daß fast das ganze Gestein daraus besteht.

Bei Dieppe soll dieser Sandstein an 160 mètres mächtig gefunden worden seyn. Stellt man diese Beobachtungen mit den vorhergehenden zusammen, so ergiebt sich der beigefügte Durchschnitt Fig. 1. I^{a}. bis VI.

Nun überblicken wir Ein großes Gebilde horizontaler mit einander wechselnder Lager von Kiesel-, Kalk- und Thon-Bildungen, die auf mannigfaltige Weise durch Mischung und Mengung in einander übergehn. Ich nenne dieses Gebilde, nach den beiden besonders in ihm vorwaltenden Formationen: das Kreide- und Sand-Gebilde.

Nach Omalius *) folgt dasselbe dem Muschel- oder

*) Journal des Mines No. 144. S. 453.

oder Jura-Kalkstein. Durchschnittsreisen führten uns auch von dem rothen Sandsteingebirge der Departements der Mosel und des Niederrheins, durch den Muschelkalkstein des Meurth- und Maas-Departement, welcher hin und wieder Lettenflötze enthält, in die Kreidegegenden der Marne und Aube. Gleicherweise sahen wir bei Rumigny, im Departement der Ardennen, Muschelkalkstein zwischen dem Schiefergebirge von Rocroi, und der Kreide von Marle und Montcornet. Fehlt der Muschelkalkstein — wie in den oben angeführten Durchschnitten von Valenciennes und Arras — so folgt das Kreide-Gebilde unmittelbar auf älteres Gebirge. — Es frägt sich aber: sollte nicht das Kreide- und Sand-Gebilde mit dem des Muschelkalksteins zusammengefaßt, und als Eins betrachtet werden?

Man könnte dafür anführen: daß der Muschelkalkstein meist horizontal geschichteter kohlensaurer Kalk sey, wie die Kreide, der Pariser Kalkstein; daß das Kreide-Gebilde, weil es ebenfalls horizontal geschichtet ist, nicht abweichend, sondern gleichförmig auf dem Muschelkalkstein gelagert seyn müsse. — Leider habe ich keine eigene Beobachtung über dies Verhältniß der Auflagrung gemacht, auch keine fremde gefunden. Was aber für die Trennung des Kreide-Gebildes vom Muschelkalkstein spricht, ist dies:

Der Hauptcharakter des Kreide- und Sand-Gebildes ist der stete Wechsel, das Gemengt- und Gemischtseyn von kiesligen und kalkigen Bildungen.

Wenn Pflanzenversteinerungen vorzüglich kiesligen Gebirgslagern zugehören *), thierische dagegen kalkigen, so tritt in dem Kreide- und Sand-Gebilde mit jenem Wechseln, Mengen und Mischen kiesliger und kalkiger Bildungen, theils ein kreutzendes Auftreten der Versteinerungen ein — so daß sich animalische in kiesligen, vegetative in Kalksteinlagern finden — theils ein Beisammenseyn thierischer und Pflanzenversteinerungen sowohl in kiesligen als kalkigen Lagern.

Ganz anders verhält es sich mit dem Muschelkalk-Gebilde. In ihm herrscht Kalkstein, dem Lettenflötze untergeordnet sind. So zeigt sich dieses Gebilde in Ober- und Nieder-Sachsen, in Franken und Schwaben; den Charakter scheint es von den Ardennen bis zum Jura zu haben.

Ueberdies ist der Kalkstein des Muschelkalk-Gebildes von dem des Kreide-Gebildes sehr verschieden.

---

*) Vergleiche Steffens Beiträge zur innern Naturgeschichte der Erde.

Jener, bemerkt Omalius *) mit Recht, sey im Ganzen härter, tönender, sein Gefüge sey weniger grob und gehe oft ins Dichte über, man finde blaue Lagen in jenem, nicht in diesem.

Ein gleicher Unterschied dürfte bei genauerer Vergleichung der Versteinerungen gefunden werden. Aber schon bei oberflächlicher fällt es auf, wie ausgebildet und selbstständig die Versteinerungen des Pariser Kalksteins sind; wie unausgebildet mit dem Gestein verwachsen dagegen die des Muschelkalksteins.

Mit dem Wechsel kalkiger und kiesliger Bildungen, fallen auch im Muschelkalkstein, so viel mir bekannt, Pflanzenversteinerungen weg, die in dem Pariser Kalksteine und Gypse vorkommen.

Eben so haben sich, meines Wissens, im Muschelkalksteine weder Süßwassermuscheln noch fossile Knochen gefunden, welche sich in mehrern Lagern des Kreide- und Sand-Gebildes häufig zeigen.

Alles scheint darauf hinzudeuten, daß das Kreide- und Sand-Gebilde Geburt einer jüngern uns näher stehenden Zeit sey, in welcher die Entwicklung der Thierwelt schon weit gediehen war.

---

*) Journal des Mines No. 144. S. 451.

§. 8.

Die Verbreitung des Kreide- und Sand-Gebildes überhaupt.

Verbinden wir die §. 1 — 6. aufgeführten Angaben des Vorkommens der einzelnen Formationen, welche zusammen das Kreide- und Sand-Gebilde constituiren, so nimmt dieses Gebilde den größten Theil des östlichen Englands und folgende 28 Departements des nördlichen Frankreichs *) ganz oder zum Theil ein:

Aisne, Ardennes, Aube, Dyle, Escaut, Eure, Eure et Loir, Indre et Loir, Jemappes, Loiret, Loir et Cher, Marne, Mayenne et Loire, Meuse, Meuse inférieure, Nord, Oise, Orne, Ourthe, Pas de Calais, Rör, Sarthe, Seine inférieure, Seine et Marne, Seine et Oise, Somme, Yonne.

Um zu bestimmen, wie das Kreide- und Sand-Gebilde in den nordteutschen Ländern des rechten Rheinufers weiter verbreitet sey, bedarf es eines Beobachters, welcher das Gebilde in allen **) seinen Mo-

*) Nach seinem Umfange von 1812.

**) Auch in den Modificationen, welche von den Geognosten gewöhnlich als aufgeschwemmtes Land betrachtet, und des-

dificationen nachgiebig beweglich verfolgt, und dennoch den wesentlichen Charakter desselben streng und unbeweglich festhält.

---

halb nur wenig beachtet werden; z. B. Sand, Grus. Es möchte aber der herkömmliche Begriff des aufgeschwemmten Landes, nach den bei Paris sich zeigenden geognostischen Thatsachen, einer neuen Bestimmung bedürfen. Ich erinnere an die mächtigen Lager von derbem Quarz zwischen dem feinsten Sande — der doch selbst Quarz, nur in anderer Form ist; — an die großen Massen von Letten und (sogenannten) Feuersteingeschieben die um und um von Kalkstein eingeschlossen sind, der von ähnlichen Feuersteinen und Letten mächtig bedeckt wird — was auf einen genauen innern Zusammenhang der Kalkstein- und Feuerstein-Bildung hindeutet — ich erinnere überhaupt an den steten Wechsel und an das Gemenge sogenannter mechanischer Bildungen mit chemischen, in dem Kreide- und Sand-Gebilde. Wenn man nun den Sand, Grus etc. immer so betrachtete, als seyen sie nur zufällig an dem Orte wo man sie findet; wenn man dieselben deshalb mehr oder weniger unbeachtet ließ, so dürfte es gut seyn, eine Zeitlang in das entgegengesetzte Extrem zu fallen, und den Sand in Karten und Beschreibungen wie Sandstein aufzuführen, dem nur die Bindung mangelt, ihn als eine, auf dem Orte wo man ihn findet, erzeugte Bildung anzusehen, und dann erst durch das genaueste Studium der Flußgebiete (im weitesten Sinne) Einsicht zu gewinnen, in wiefern er wahrhaft durch Flüsse aufgeschwemmtes Gebirge sey. Zu allerletzt könnten wir dann auf die gegenwärtige, von niemand begründete, Voraussetzung zurückkommen: daß er durch Meer-Fluthen aufgeschwemmtes Gebirge sey.

Ich kenne jene Länder zu wenig, um hier mehr als einige einzelne Andeutungen, theils aus geognostischen Schriften, theils aus eigner Beobachtung geben zu können. Hövel, in seinen geognostischen Bemerkungen über die Gebirge in der Grafschaft Mark, sagt S. 60: „Mergel und Flötzkalkstein sind das Grundgebirge der Ebenen des Märkischen und des daran stoßenden Münsterschen. Mehrere Sandsteinflötze mit kalkigem, und einige von so quarzigem Bindemittel, daß sie beinahe reiner Lagerquarz sind, kenne ich in diesem wenig aufgeschlossenen Gebirge." Derselbe erwähnt ein grünliches Gestein, ein Mittel zwischen Mergel und Sandstein mit hornblendigen Theilen, bei Werl, Unna und Soest.

In diesen Angaben tritt der Hauptcharakter des Kreide- und Sand-Gebildes — das wechselseitige Ineinandergreifen kiesliger und kalkiger Bildungen — entgegen. Zudem stimmt das Vorkommen der hornblendigen Theile mit dem oft erwähnten von chlorit- und grünerdartigen in mehrern Formationen des Kreide- und Sand-Gebildes überein. —

Der, zum Theil kreideähnliche, Kalkstein zwischen Goslar und Quedlinburg, dürfte der Kreide-Formation beizuzählen seyn.

Die Kreide in Holstein weiset westlich auf die

Kreide jenseits des Rheins, östlich auf die Kreide der dänischen Inseln und Rügens, südöstlich auf die Kreide von Gallizien hin *).

Den Gyps von Segeberg und Lüneburg, welcher in der Nähe der Kreide vorkömmt, stellte Steffens, wie ich glaube, ganz richtig mit dem Gyps von Montmartre zusammen **).

Besonders ist der Quadersandstein zu beachten, dem meist Plänerkalkstein beigesellt ist, in welchen er durch Plänersandstein übergeht ***).

---

*) Steffens geognostisch-geologische Aufsätze S. 107 ꝛc.

**) Steffens a. a. O. S. 142. Nicht als müßte der Gyps von Lüneburg zwischen denselben Formationen — zwischen Kalkstein und Sand — liegen, wie der von Montmartre, sondern als eine zur Kreide- und Sand-Formation überhaupt gehörige Bildung.

***) Mit Recht hat Werner den Quadersandstein als eine eigene Formation aufgestellt, und von der des bunten Sandsteins getrennt. Eine kurze Vergleichung zeigt dies.

Die vorherrschenden Farben des Quadersandsteins sind: ochergelb, gelblichweiß, graulichweiß — beim bunten Sandstein herrscht die rothe Farbe vor.

Horizontale Schichtung ist beim Quadersandstein gewöhnlich — geneigte beim bunten.

Muschelversteinerungen und vegetative Ueberreste finden sich im Quadersandsteine; im bunten, so viel ich weiß, nicht.

Der Quadersandstein liegt auf dem Muschelkalkstein, der bunte unter demselben. Vergleiche

Ich vermuthe aus mehrern Gründen, daß diese Quadersandstein- und Plänerkalkstein-Formation, wie wir sie im alten Westphalen, in Niedersachsen, im Erzgebirge, in der Ober-Lausitz, in Böhmen und Schlesien finden, dem Kreide- und Sand-Gebilde angehört.

Auch möchte die, im nördlichen Teutschland so weit verbreitete Sandbildung mit den ihr untergeordneten Lagern von Thon, Braunkohle, Alaunerde rc. hierher zu rechnen seyn.

Wenn ich mehrere, hierüber Aufschluß versprechende Untersuchungen gemacht habe, werde ich mich bestimmter über diese Vermuthung erklären.

Zusätze.

§. 9.

Die zweite von Brongniart aufgestellte Formation des argile plastique betreffend.

Nach Brongniart liegt ein Thonlager zwischen der Kreide und dem Kalkstein. „Fast die ganze Oberfläche der Kreidemasse ist von einem Lager plastischen Thons bedeckt," sagt er S. 14.

Hausmanns Aufsatz über den Quadersandstein in den Nordteutschen Beiträgen.

In der früheren Abhandlung Brongniarts über die Pariser Gegend *) ist zwar angeführt: wo dieser Thon auf der Kreide gefunden werde, nicht aber wo unter dem Kalkstein.

In der neuen Abhandlung Brongniarts über dieselbe Gegend wird nun auch, S. 72 und 123, Ein Durchschnitt (von Marly) gegeben, nach welchem der plastische Thon unter dem Kalkstein liegt.

Wir sind weit entfernt, das Vorkommen von Thon zwischen der Kreide und dem Kalkstein zu läugnen, da wir es ja selbst bei Bougival und Chavignon beobachtet haben; um so weniger, da der Durchschnitt von Chavignon sehr mit dem von Marly in Hinsicht auf Gestein, Versteinerungen und bituminöses Holz übereinstimmt **).

Allein für das Hauptlager, welches zwischen der Kreide und dem Kalkstein liegt, können wir diesen Thon nicht halten. Vielmehr haben uns eine Menge sehr bestimmter Beobachtungen überzeugt, daß Sand

*) Journal des Mines No. 138.

**) Es wäre wohl zu beachten, ob das Auftreten von Thon nicht in einem genauen Zusammenhange mit dem Auftreten von Erdkohle und bituminösem Holze stände, wie das Auftreten von Schieferthon augenscheinlich mit dem der Steinkohlen verschiedener Formationen in Verbindung steht.

die herrschende Formation zwischen der Kreide und dem Kalkstein sey, welcher Thonlager untergeordnet sind. Unsere Ansicht wird durch den gegebenen Durchschnitt der Gebirgslager von Laon bestätigt, da nach diesem zwischen der Kreide und dem Kalkstein ein 232 Fuß mächtiges Sandlager und nur zwei geringfügige Thonlager von respektive 9 und 6 Fuß Mächtigkeit liegen.

Brongniart sagt selbst (S. 62), der Sand unter allen Kalksteinbänken in der Gegend von Compiegne sey ein gewisses Zeichen der nahen Kreide. Er führt (S. 79. 80. 92. 100.) Beobachtungen an, wo der Kalkstein und unsre 2te kieslige Formation ganz in der Nähe der Kreide vorkommen, ohne daß er des plastischen Thons mit einem Worte erwähnte. Ja nach dem (S. 85.) gegebenen Durchschnitt von Presle, liegt bestimmt nur Sand und kein Thon zwischen der Kreide und dem Kalkstein, eben dies ist der Fall südlich und östlich von Maulle (S. 133. 134.).

Brongniart und Cuvier sagen (S. 18): sie wissen nicht, ob dieser Sand (unserer 2ten kiesligen Formation) der Formation des Kalksteins oder der des Thons angehöre.

Unsrer Meinung nach gehört er der letzteren nicht an, diese gehört — als untergeordnetes Lager — ihm vielmehr an.

Mit der Kalksteinformation können wir aber die ..te kieslige Formation eben so wenig zusammenwerfen:

1) Weil sie durch ihr Gestein von dieser getrennt, und eigenthümlich charakterisirt ist;

2) Weil sie der Kalksteinformation an Mächtigkeit gleich kommt, ja im Departement der Aisne dieselbe übertrifft. Denn nach Lemaistre mehrmals erwähntem Durchschnitt der Gebirgslager von Laon, ist die dortige Kalksteinformation 50 Fuß, die Sandformation dagegen 232 Fuß mächtig.

Von zwei eigenthümlich charakterisirten gleich mächtigen Formationen kann man aber nicht sagen, daß eine der andern angehöre.

§. 10.

Die von Brongniart aufgestellte Formation des calcaire siliceux betreffend.

Wir haben den calcaire siliceux von Champigny mit dem kiesligen Kalkstein, des Plateau von Montreuil, verbunden. Von diesem nur durch die Marne getrennt, kommen beide dem Gestein nach gänzlich überein.

Der Zufall wollte es, daß wir in dem Kalkstein

der nahe bei Champigny gelegenen Brüche eine Univalve, und den Abdruck einer Univalve — wahrscheinlich einer Lymnäe — fanden; — und so möchte auch in Hinsicht der Süßwasserversteinerungen eine Uebereinstimmung zwischen den Bildungen von Montreuil und Champigny herrschen.

Leider haben wir aber weder bei Champigny noch anderwärts das Ober- und Unterlager des kiesligen Kalksteins beobachten können.

Nach Brongniart nimmt derselbe eine ganz andre geognostische Stelle ein, als diejenige ist, welche wir ihm anweisen möchten. Er soll nehmlich mit der Kalksteinformation (calcaire marin) gleichzeitig seyn, neben ihr und unter dem Gyps und Sande liegen.

Zuerst führt Brongniart für diese Behauptung mehrere Fälle an, wo der muschelleere kieslige Kalkstein unmittelbar unter dem kiesligen Kalkstein, der Süßwassermuscheln enthält, liegen soll. Bei völliger Aehnlichkeit des Gesteins unterscheidet er dann beide einzig nach dem Enthalten und Nicht-Enthalten von Versteinerungen. Welche Formation müßte aber bei einer solchen Trennungsweise nicht in unendliche Theile zerrissen werden, da ja in jeder, wenn sie auch noch so reich an Versteinerungen ist, doch auch versteinerungsleere Schichten und Massen vorkommen?

Diese Beobachtung würde uns daher in unserer Zusammenstellung des kiesligen Kalksteins von Champigny mit dem von Montreuil — welchen Brongniart zum terrain d'eau douce rechnet — nicht irre machen.

Allein andre Beobachtungen Brongniarts, nach welchen der kieslige Kalkstein unter dem Sande der 3ten kiesligen Formation *), ja unter der Gypsformation **) liegen soll, bestimmen uns, jene Zusammenstellung, bis auf nähere Untersuchung der von Brongniart aufgeführten Punkte, durchaus nicht als ausgemachte Wahrheit hinzustellen.

§. 11.

Ueber die Rolle, welche die Versteinerungs-Lehre bei Brongniart und Cuvier spielt.

Diese ist weit bedeutender, als die Rolle der eigentlichen Mineralogie selbst.

Besonders äußert sich dies bei Gelegenheit der Gypsformation. Die untersten Schichten dieser Formation, welche Seeversteinerungen enthalten, lassen sie aus Meerwasser hervorgehen — die etwas höheren

---

*) S. 138. 141. 198. 202. 218.

*) S. 139.

aus süßem Wasser, weil man Süßwassermuscheln — eine Cyclostoma, Planorben und Lymnäen — in ihnen gefunden. Etwa ein Lachter über der Schicht, welche die Planorben und Lymnäen enthält, finden sich wiederum Meermuscheln, sonach schließen sie: „Das süße Wasser sey hier wieder vom Meere verdrängt worden; daß das Gestein sich gleich bleibe; daß alle Schichten, sie mögen Süßwasser- oder Meermuscheln enthalten, auf das Regelmäßigste horizontal, parallel und wie angepaßt über einander liegen; daß man überhaupt keine Spur von Zerstörung sieht, welche ein solcher Wechsel überschwemmender und abziehender Meeresfluthen angerichtet haben müßte;" — alles dies kömmt ihnen gegen die Süßwassermuscheln nicht in Betracht.

Ja, sie geben selbst zu, daß dem Gestein nach die ganze Formation als Eine und dieselbe erscheine (S. 39), noch mehr: sie stellen sie (S. 31) als eins der klarsten Beispiele auf, was man unter einer Formation zu verstehen habe! — und zerreissen sie dennoch! — Ohne uns hier auf eine Definition von Formation einzulassen, die immer noch zu früh kommen möchte, der wir uns aber wahrhaftig nicht durch eine solche Aufstellung von Normalformationen nähern, fragen wir zuerst: Ist dann nicht das Gestein der vollgültigste Zeuge von der Natur des Gewässers, aus welchem es gebildet wurde? Ist denn nicht, allgemein zu sprechen, Kalkstein aus Kalksteinwasser, Gyps aus Gypswasser, Granit aus Granitwasser — ist nicht gleiches Gestein aus gleichem Wasser gebildet? — Und kommt das Gestein einer Schichtenmasse in allen seinen Modificationen, mit dem Gestein der sie unmittelbar bedeckenden Masse gänzlich überein, müssen wir da nicht schließen: beide Massen seyen aus gleichem Wasser formirt, das einen gleichartigen chemischen Wechsel erlitten? — nicht aus zwei Wassern von der verschiedensten Qualität, wie Brongniart und Cuvier in Betreff der Gypsformationen annehmen. — Dann aber fragen wir: Ist denn die Petrefactenkunde so weit ausgebildet, daß sie so unbedingt mit Hintansetzung jeder andern Betrachtung absprechen darf? Nach der Conchyliensammlung im Jardin des plantes zu urtheilen, gewiß nicht. Da sahen wir häufig bei Ein und demselben Geschlecht Muschelschaalen von der verschiedensten Gestalt liegen, hingegen bei verschiedenen Geschlechtern ganz ähnliche oder nur zufällig verschiedene Schaalen.

Möchte diese Verwirrung nun blos scheinbar seyn, und von einem doppelten Classificationsgrunde herrühren, indem man nicht bloß nach der Gestalt der

Schaalen, sondern zugleich nach der Anatomie der Thiere ordnet, oder möchte sie wirklich statt finden und aus einer nicht zur klaren Scheidung der Formen gediehenen Bearbeitung der Wissenschaft hervorgehen; genug, das vergleichende Bestimmen versteinerter Conchylien wird bei einer solchen Verwirrung zum Theil unmöglich, da dies Bestimmen einzig nach der Aehnlichkeit petrifizirter Schaalenformen mit den Schaalenformen gegenwärtig lebender Conchylien geschieht.

Daß auch französische Naturforscher die französische Versteinerungslehre noch für höchst unausgebildet halten, bezeugen die von Brard und Lametherie *) gegen Brongniart gemachten Bemerkungen. Lametherie sagt (S. 465.):

„Die Kenntniß der Conchylien ist noch so zurück, „daß die unterrichtetsten Gelehrten, wie z. B. Lamark „in Frankreich, noch keinen gewissen Charakter zur „Bestimmung der Genera haben. So theilen sie gegenwärtig Muscheln in mehrere Geschlechter, aus „welchen sie sonst nur Ein Geschlecht bildeten; z. E. „das Geschlecht Cyclostoma. Man trennt auch das „Geschlecht Cerit, und bildet ein neues, welches man „Po-

*) Im Journal de Physique Tom. 72.

„Potamide nennt, das in Morästen und Flußmün-„dungen sich aufhält. Lamark theilt auch die Auri-„cula, Ampullaria, Nerite ... wiederum in Fluß-, „Land-, Meer-Neriten ꝛc.“ —

„So macht man neue Unterabtheilungen, „und führt neue Geschlechter ein, je nach-„dem es gerade Noth thut.“

Wäre aber die Petrefactenkunde auch zur größten Vollkommenheit gediehen, so dürfte sie doch nicht auf Brongniarts Weise gemißbraucht werden. Die Conchyliologen dürften nicht Formationen zerschneiden, die aus Einer Gesteinfamilie bestehen, und Eine Masse paralleler genau auf einander passender Schichten bilden — wenn sich Süßwassermuscheln in den einen, Meermuscheln in den andern Schichten finden. So verfuhren Brongniart und Cuvier, wie wir sahen, mit der Gypsformation; eben so zerreissen sie die Kalksteinformation, indem sie ihre obern Schichten zur Formation d'eau douce rechnen, weil dieselben Süßwassermuscheln enthalten. —

Die Conchyliologen dürften ebenfalls nicht Formationen zerschneiden, die aus Einer Gesteinfamilie bestehen und Eine geschichtete oder ungeschichtete Masse bilden, einzig weil ein Theil dieser Masse überhaupt Versteinerungen enthält, der andre nicht. So trennt Brongniart, wie wir sahen, den kiesligen Kalkstein mit Versteinerungen von dem unmittelbar unter ihm liegenden, dem Gestein nach ganz ähnlichen, aber versteinerungsleeren kiesligen Kalksteim.

Gleicher Weise stellt er einzelne Versteinerungen enthaltende Schichten der Sand- und Sandsteinformation (unserer 3ten kiesligen Formation) als eine besondere Formation von grès marin auf, und trennt sie von dem übrigen versteinerungsleeren Sande und Sandstein, aus welchem er wieder eine eigene Formation — das grès sans coquilles — bildet.

Die Feuersteine unserer Feuersteinformation, wiewohl sie dem Gestein wie den Lagrungsverhältnissen nach völlig als zusammengehörig erscheinen, zerschneidet Brongniart dennoch in 2 Formationen. Die einen, welche keine Versteinerungen enthalten, rechnet er zu den meulières sans coquilles, andre, in welchen sich Süßwassermuscheln finden, zur Formation d'eau douce *). —

---

*) Vergleiche Fig. II., welche Brongniarts Verfahren anschaulich macht. S. 215 sagt Br.: Les *meulières* du terrain d'eau douce supérieur „sont toujours dans un sable rougeâtre argilo-ferrugineux *qui recouvre le banc puissant de sable sans coquilles.*" S. 208 heißt es: „Neuvième Formation, Les *meulières* sans coquilles. Cette pierre est

Welche Formation in der Welt bliebe aber, auch bei der eigenthümlichsten Individualität, unangetastet, wenn man auf solche Weise verfahren will?

Wo ist überhaupt dem Zerschneiden ein Ende abzusehen, wenn man consequent die Methode befolgen wollte, fast einzig nach dem Vorkommen und Nichtvorkommen von Versteinerungen, besonders aber nach dem Enthalten von Meer- und Süßwasser-Versteinerungen, Formationen zu bestimmen? Findet man doch z. B. in allen von uns aufgestellten Formationen bei Paris, 2 ausgenommen, sowohl Süßwasser- als Meermuscheln, nur in verschiedenem Verhältniß der Menge. Ja in England sollen selbst unter der Kreide Süßwassermuscheln vorkommen *).

Nachdem man zuletzt Süß- und Seewassermu-

trouve ... dans beaucoup d'endroits *au-dessus du sable et du grès sans coquilles.*"

*) Figur III. stellt den Wechsel der Bildungen mit und ohne Süßwassermuscheln dar. Die Fälle wo Süß- und Seewasserversteinerungen zusammen vorkommen, sind hierbei vorsätzlich nicht berücksichtigt worden. Ich weiß nicht genau, ob die Süßwassermuscheln der zweiten kiesligen Formation unter, über oder zwischen Schichten derselben Formation liegen, die Meerversteinerungen enthalten. Es kam hierauf aber nicht an, nur darauf, daß überhaupt Meermuscheln über und unter den Süßwassermuscheln der 2ten kiesligen Formation vorkommen.

scheln beisammen angetroffen *), so sollte man glauben, jenes einseitige auf das Enthalten von Süß- und Seewassermuscheln gegründete Formations-Bestimmen, werde nun wegfallen. Man sollte glauben, Brongniart, welcher (S. 35.) behauptet: eine einzige Süßwassermuschel reiche hin den Süßwasser-Ursprung von Montmartre zu beweisen, müsse nun eingestehen: ein einziger solcher Fall, daß man Süß- und Seewassermuscheln zusammen gefunden, reiche hin zu beweisen, daß Süß- und Seewassermuscheln in früherer Zeit in gleichen Zuständen leben konnten, möchten diese Zustände seyn welche sie wollten. — Keinesweges. —

Wir haben nur kurz und aufrichtig geäußert, in wie fern uns Brongniarts und Cuviers Arbeit mißfällt. Wir glaubten dies um so mehr thun zu müssen, als Cuvier selbst von derselben sagt: **) sie können seiner Meinung nach als Muster der Methode dienen, welche man beim Studium der Gebirgslager zu befolgen habe — ein Selbstlob, dem wir nicht beistimmen können.

---

*) Br. 27. 54. 88.

**) „Un travail qui lui semble pouvoir servir d'exemple pour la méthode à suivre dans l'étude des couches." Avert. p. III.

Damit wollen wir jedoch keinesweges die große Wichtigkeit des Brongniartschen Werks abläugnen. Es hat zuerst die Aufmerksamkeit gewaltsam auf die Versteinerungslehre hingelenkt; diese Lehre in Frankreich gewissermaaßen zur Mode gemacht. Ueberall fängt man dort an Versteinerungen zu suchen und zu bestimmen. Auch wird es gewiß die Geognosten andrer Länder zu einem schärfern ins Auge Fassen der Petrefacten überhaupt und insbesondere des für die Geognosie unabsehbar wichtigen Unterschiedes der Süß- und Seewasser-Versteinerungen führen.

Druckfehler.

Vorrede S. IV zwischen Zeile 5 und 6 von unten fehlt folgendes:
Ich bemerke in Betreff der Nomenclatur, daß ich in der zweiten Abhandlung mit dem Ausdruck »Formation« nicht ausreichte, sondern von dem in vieler Hinsicht vortrefflichen Ebel das Wort »Gebilde« entlehnte, und mich desselben als eines höhern Begriffs bediente, welcher Formation in sich faßt. Die Abhandlung über das Schiefergebirge war schon dem Druck übergeben, als ich nothgedrungen diese Aenderung in der Nomenclatur vornahm. In jener Abhandlung lese man statt: Schieferformation, rothe Sandsteinformation, Muschelkalkformation, Kreide- und Sandformation, Flötztrappformation — Schiefer-Gebilde ꝛc. ꝛc. Scharfe Definitionen verspare ich noch; die Art wie ich die Worte gebraucht, deute für jetzt ihren Sinn. —

S. VIII Z. 8 v. u. ist das Komma hinter »Herausgeber« zu streichen

S. 4 Z. 4 v. u. statt kleinere lies kleineren

S. 6 Z. 11 v. o. statt Dartiques lies hier und an verschiedenen andern Stellen Dartigues

S. 26 Z. 10 v. o. st. Darz l. Quarz
Z. 9 v. u. st. Westpahlen l. Westphaleu

S. 40 Z. 5 v. o. st. in Zusammenhang l. im Zusammenhange

S. 54 Z. 5 v. o. st. von den ihr l. von den ihm

S. 57 Z. 1 v. o. st. Auberton l. Aubenton
Z. 3 v. o. st. zeigt l. zieht

S. 59 Z. 4 v. o. st. zeigt, der sie l. zeigt, der es
Z. 10 v. o. vom Schiefergebirge aus rothen Sandstein ꝛc. hier fehlt das Komma hinter aus

S. 60 Z. 5 v. o. st. schließt die l. schließt sich die

S. 62 Z. 12 v. u. st. Sülzhage l. Sülzhayn

S. 63 Z. 9 v. o. st. Bredelaur l. Bredelaar, eben so Z. 12 v. u.

S. 68 Z. 2 v. o. st. Carignau l. Carignan

S. 71 Z. 2 v. o. st. Wardew l. Warden

S. 75 fehlt folgende Anmerkung zu §. 21.: Nach Ebel, Escher, Saussure und eigenen Beobachtungen.

S. 85 Z. 6 v. o. st. Gestein-Kreide. l. Gestein. und setze Kreide. in Zeile 7

S. 86 Z. 11 v. u. setze hinter Maubeuge ein Komma

S. 91 Z. 4 v. o. st. dies Gestein l. das Gestein

S. 93 Z. 8 v. u. st. einige l. innige

S. 95 Z. 11 v. u. st. Aufbraufen l. Aufbrausen

S. 99 Z. 3 v. u. setze hinter wechseln ein Komma
S. 108 Z. 3 v. o. st. Feuerstein l. Feuersteine
S. 113 Z. 4 v. o. st. Meurth l. Meurthe
S. 126 Z. 6 v. o. st. »Das süße Wasser sey hier wieder vom Meere verdrängt worden; daß das Gestein sich gleich bleibe; l. Das süße Wasser sey hier wieder vom Meere verdrängt worden. Daß das Gestein sich gleich bleibt,
Z. 13 v. u. hinter müßte« sind die Gänsfüße zu streichen
Z. 1 v. u. st. dann l. denn
S. 127 Z. 3 v. u. st. Möchte l. Mogte; eben so S. 128 Z. 2 v. o.
S. 130 Z. 11 v. o. st. das grès l. des grès
S. 132 Z. 11 v. o. st. möchten l. mogten

Fig. 1

Durchschnitt des Kreide- und Sandgebildes mehrerer nordfranzösischen Departements.

VI. Die Feuerstein- und kieslige Kalkformation.
Feuerstein, zum Theil in sandigem Thone.
Kiesliger Kalkstein.
Kalkstein.

Süsswasserversteinerungen: besonders Lymneen u. Planorben.
Eindrücke von Zweigen. Versteinertes Holz.

V. Die dritte kieslige Formation.
Sand. Sandstein. Quarz.
Sandstein mit inliegenden Feuersteinen. Puddingstein.
Hornsteinlager.
Eisenniere.

Meerversteinerungen.

IV. Die Gipsformation.
Gyps. Mergelgyps. Mergel. Klebschiefer.
Strontian.

Reste von vierfüssigen Thieren, Vögeln, Amphibien, Fischen.
Meermuscheln und Süsswassermuscheln.
Versteinerungen aus dem Pflanzenreiche.

Vergleiche den Durchschnitt des Montmartre.

III. Die Kalksteinformation.
Oberste Schichtenmasse. Kalkstein. Klebschiefer. Kieslige Bildungen, als: Quarzkrystalle. Feuerstein. Menilit.
Vorläufer der Gypsformation, als: Gypsrosen in Quarz verwandelt &c.
Variété inverse des Kalkspath. Flusspath.

Süsswassermuscheln und Meermuscheln.

Mittlere Schichtenmasse. Kalkstein, vornämlich mit Ceriten, auch vegetativen Ueberresten. Einzelne Süsswassermuscheln.

Untere Schichtenmasse. Sandiger Kalkstein mit Grünerde, vielen Nummuliten und weissen kalkigen Meermuscheln.

II. Die zweite kieslige Formation.
Sand. Sandstein.
Thon. Mergel.
Eisenocher
Alaunerde. Erdkohle. Bituminoeuses Holz. Holzstein... Bernstein.
Meermuscheln und Süsswassermuscheln... Knochen.

I^b. Die Kreideformation.
Kreide, die in dichten Kalkstein übergeht, zum Theil Grünerde enthält.
Feuersteine, besonders schwarze knollige.

Meerversteinerungen, vornämlich Belemniten.

Fig. II.

So zerschneidet Brongniart Eine Formation in zwei, … ein Theil des Gesteins Süsswassermuscheln enthält, ein anderer nicht.

Meulières.

Mit Lymneen und Planorben. …onde Formation des terrains d'eau douce.	Ohne Versteinerungen. Formation des meulières sans coquilles.

Sable et grès sans coquilles.

Fig. III.

So wechseln Massen, welche Süsswasserversteinerungen enthalten 8mal mit solchen, in denen sich Meerversteinerungen finden, was nach Brongniarts Ansicht ein 8maliges Kommen und Verschwinden des Meeres voraussetzen würde.

…sswasser Versteinerungen.
…le Formation des terrains d'eau …uce. nō. VI. unsrer Fig. I.

…eer Versteinerungen.
…arin und Marnes marines der Gypsform…
…rchschnitt des Montmartre 21_30.

…sswasser Versteinerungen.
… Gypsformation unter den Marnes marines.
…ser Durchschnitt des Montmartre. 15_17.

…eer Versteinerungen.
…r untern Masse der Gypsformation.
…ser Durchschnitt des Montmartre. 1_4.

…sswasser Versteinerungen.
…ergel der Strasse Rochechouart, welcher unter der Gyps…
…tion von Montmartre und auf dem calcaire marin liegt. Br. S. 168.
…ser Fig. I. nō. III. Obere Masse.

…eer Versteinerungen.
…lcaire marin. Unser Durchschnitt Fig. I. nō. II. u. III.

…sswasser Versteinerungen.
…r 2ten kiesligen Formation. Unser Durchschnitt Fig. I. nō. II.

…eer Versteinerungen.
…r Kreideformation. Unser Durchschnitt Fig. I. nō. I.

…sswasser Versteinerungen.
… der Kreide in England.

Süsswasserversteinerungen; besonders Lymneen u. Planorben.
Eindrücke von Zweigen. Versteinertes Holz.

mehrerer nordfranzösischen Departements.

V. Die dritte kieslige Formation.
Sand. Sandstein. Quarz.
Sandstein mit inliegenden Feuersteinen. Puddingstein.
Hornsteinlager.
Eisenniere.

Meerversteinerungen.

IV. Die Gipsformation.
Gyps. Mergelgyps. Mergel. Klebschiefer.
Strontian.

Reste von vierfüssigen Thieren, Vögeln, Amphibien, Fischen.
Meermuscheln und Süsswassermuscheln.
Versteinerungen aus dem Pflanzenreiche.

Vergleiche den Durchschnitt des Montmartre.

III. Die Kalksteinformation.
Oberste Schichtenmasse. Kalkstein. Klebschiefer. Kieslige Bildungen, als: Quarzkrystalle. Feuerstein. Menilit.
Vorläufer der Gypsformation, als: Gypsrosen in Quarz verwandelt &c.
Variété inverse des Kalkspath. Flusspath.

Süsswassermuscheln und Meermuscheln.

Mittlere Schichtenmasse. Kalkstein, vornämlich mit Ceriten, auch vegetativen Ueberresten. Einzelne Süsswassermuscheln.

Untere Schichtenmasse. Sandiger Kalkstein mit Grünerde, vielen Nummuliten und weissen kalkigen Meermuscheln.

II. Die zweite kieslige Formation.
Sand. Sandstein.
Thon. Mergel.
Eisenocher
Alaunerde. Erdkohle. Bituminoeuses Holz. Holzstein... Bernstein.
Meermuscheln und Süsswassermuscheln... Knochen

I^b. Die Kreideformation.
Kreide, die in dichten Kalkstein übergeht, zum Theil Grünerde enthält.
Feuersteine, besonders schwarze knollige.

Meerversteinerungen, vornämlich Belemniten.

I^a. Die erste kieslige Formation.
Kalkiger Sandstein in grobes Conglomerat übergehend, zum Theil voll Grünerde.
Thon.

Meerversteinerungen.

Muschelkalkstein-Gebilde.

Meulières

Mit Lymneen und Planorben.
…nde Formation des terrains d'eau douce.

Ohne Versteinerungen.
Formation des meulières sans coquilles.

Sable et grès sans coquilles.

…sswasser Versteinerungen.
… Formation des terrains d'eau …uce. nō. VI. unsrer Fig. I.

…er Versteinerungen.
…arin und Marnes marines der Gypsform.
…chschnitt des Montmartre 21–30.

…sswasser Versteinerungen.
… Gypsformation unter den Marnes marines.
…er Durchschnitt des Montmartre. 15–17.

…er Versteinerungen.
… untern Masse der Gypsformation.
…er Durchschnitt des Montmartre. 1–4.

…sswasser Versteinerungen.
…ergel der Strasse Rochechouart, welcher unter der Gyps…
…tion von Montmartre und auf dem calcaire marin liegt. Br. S. 168.
…ere Fig. I. nō. III. Obere Masse.

…er Versteinerungen.
…caire marin. Unser Durchschnitt Fig. I. nō. II. u. III.

…sswasser Versteinerungen.
… 2ten kiesligen Formation. Unser Durchschnitt Fig. I. nō. II.

…eer Versteinerungen.
… Kreideformation. Unser Durchschnitt Fig. I. nō. I.

…sswasser Versteinerungen.
… der Kreide in England.

…eer Versteinerungen

Fig. III.

So wechseln Massen, welche Süsswasser versteinerungen enthalten 8mal mit solchen, in denen sich Meerversteinerungen finden, was nach Brongniarts Ansicht ein 8maliges Kommen und Verschwinden des Meeres voraussetzen würde.

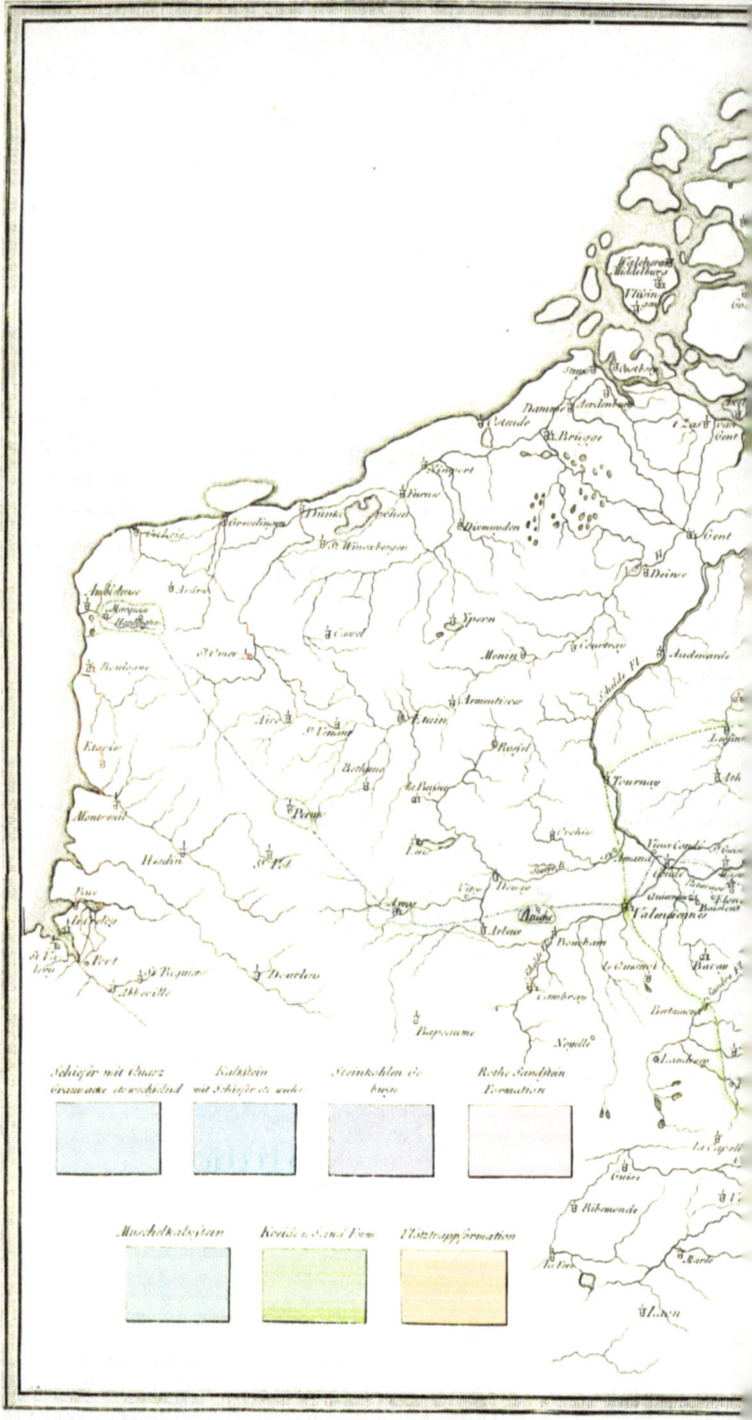

Walcheren
Middelburg
Vlissingen
Oostburg
Damme
Aerdenburg
Ostende
Brügge
Gent
Nieuport
Furnes
Gravelingen
Calais
St. Winoxbergen
Dixmuden
Deinse
Ambleteuse
Ardres
Ypern
Cassel
St Omer
Boulogne
Menin
Courtray
Audenarde
Schelde Fl.
Aire
St. Venant
Armentieres
Etaples
Bethune
Tournay
Ath
Montreuil
Hesdin
St. Pol
Orchies
Condé
Douay
Arras
Valenciennes
Rue
Crotoy
Arleux
Bouchain
Abbeville
St. Riquier
Doulens
Cambray
Le Quesnoy
Bavay
Bapeaume
Landrecy
Guise
Ribemonde
La Fere
Marle
Laon
Schiefer mit Quarz
Grauwacke etc wechselnd
Kalkstein
Rothe Sandstein
Formation
Muschelkalkstein
Flötztrappformation

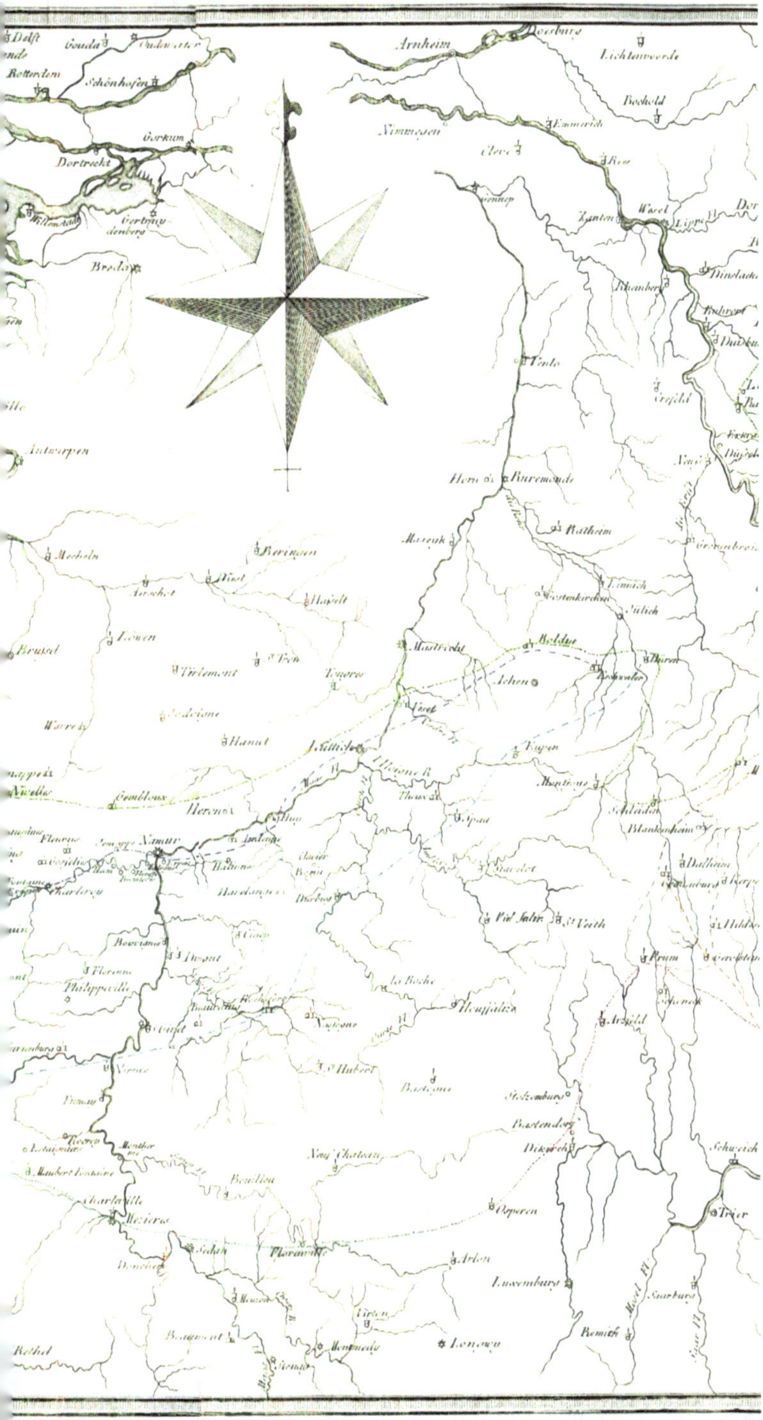

Delft
Gouda
Oudewater
Rotterdam
Schönhofen
Gorkum
Dortrecht
Gertruydenberg
Breda
Antwerpen
Arnheim
Doesburg
Lichtenvoorde
Bockold
Nimmegen
Emmerich
Cleve
Rees
Gennep
Zanten
Wesel
Lippe Fl.
Dinslacken
Rheinberg
Ruhrort
Duisburg
Venlo
Crefeld
Neuss
Düsseldorf
Ruremonde
Horn
Maseyk
Ratheim
Grevenbroich
Mecheln
Beringen
Arschot
Diest
Haselt
Linnich
Geilenkirchen
Jülich
Löwen
Brussel
Tirlement
Tongres
Mastricht
Bolduc
Düren
Achen
Eschweiler
Wavre
Hanut
Lüttich
Eupen
Montjoie
Nivelle
Gembloux
Heren
Huy
Andenne
Namur
Fleurus
Charleroy
Spaa
Theux
Schleiden
Blankenheim
Dalheim
Stavelot
Vielsalm
St. Veith
Prum
Philippeville
Florenne
Dinant
Rochefort
Givet
Marche
la Roche
Houffalize
Arzfeld
St. Hubert
Bastogne
Stolzemburg
Bastendorf
Diekirch
Schweich
Trier
Neufchateau
Bouillon
Charleville
Mezieres
Sedan
Florenville
Arlon
Luxemburg
Virton
Montmedy
Longwy
Remich
Mosel Fl.
Saarburg
Saar Fl.
Stenay
Rethel

Billerbeck
Münster
Coesfeld
Wolbeck
Detmold
Horn
Neukirchen
Dülmen
Steinfurth
Stromberg
Paderborn
Haltern
Hamm
Lippstadt
Lünen
Camen
Soest
Büren
Dortmund
Unna
Bochum
Wetter
Iserlohn
Warstein
Brilon
Werden
Hagen
Hohen Limburg
Velbert
Schwelm
Altena
Balve
Corbach
Breckerfeld
Plettenberg
Solingen
Wipperfurth
Medebach
Opladen
Schmalenberg
Drolshagen
Berleburg
Battenberg
Cölln
Mühlheim
Biedenkopf
Homburg
Siegen
Marburg
Siegberg
Sieg Fl.
Gladenbach
Bonn
Blankenberg
Dillenburg
Königswinter
Altenkirchen
Wetzlar
Giesen
Grünberg
Ahrweiler
Braunfels
Weilburg
Neuwied
Andernach
Montabaur
Lahn Fl.
Limburg
Butzbach
Mayen
Diez
Coblenz
Königstein
Homburg
Epstein
Hofheim
Nastetten
Beilstein
Rheinfels
St. Goar
Castellaun
Wiesbaden
Frankfurt
Offenbach
Hanau
Wittlich
Zell
Simmern
Cassel
Mainz
Trarbach
Bern Castell
Bingen
Darmstadt
Kreutznach
Kirn
Herstein
Alzey
Nahe Fl.
Birkenfeld
Worms
Weinheim
Manheim
Tholey
Kaiserslautern
Türkheim
Landstuhl
Heidelberg
Rother

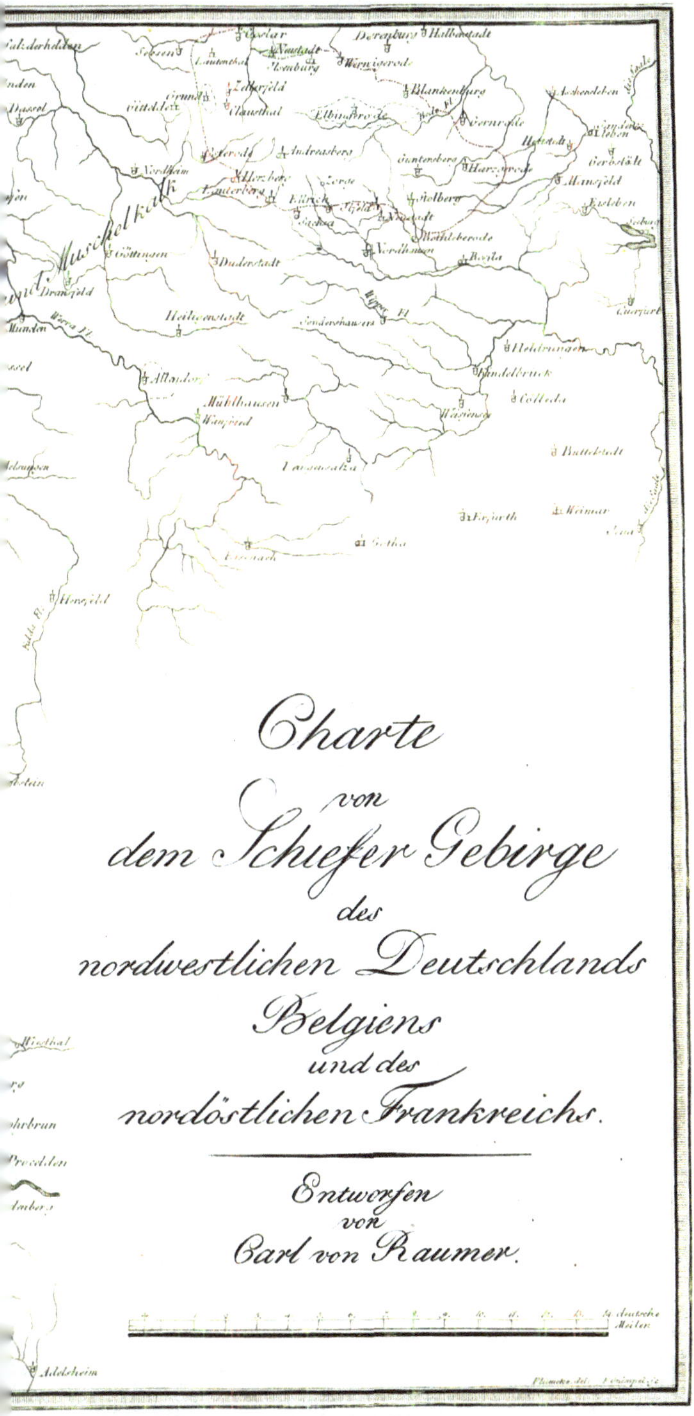
Charte
von
dem Schiefer Gebirge
des
nordwestlichen Deutschlands
Belgiens
und des
nordöstlichen Frankreichs.
Entworfen
von
Carl von Raumer.
deutsche Meilen
Muschelkalk
Goslar
Derenburg
Halberstadt
Wernigerode
Blankenburg
Zellerfeld
Clausthal
Elbingerode
Andreasberg
Nordheim
Herzberg
Lauterberg
Göttingen
Duderstadt
Dransfeld
Heiligenstadt
Sondershausen
Nordhausen
Stolberg
Mansfeld
Eisleben
Querfurt
Heldrungen
Mühlhausen
Wanfried
Allendorf
Weissensee
Cölleda
Buttelstedt
Weimar
Erfurth
Gotha
Eisenach
Adelsheim

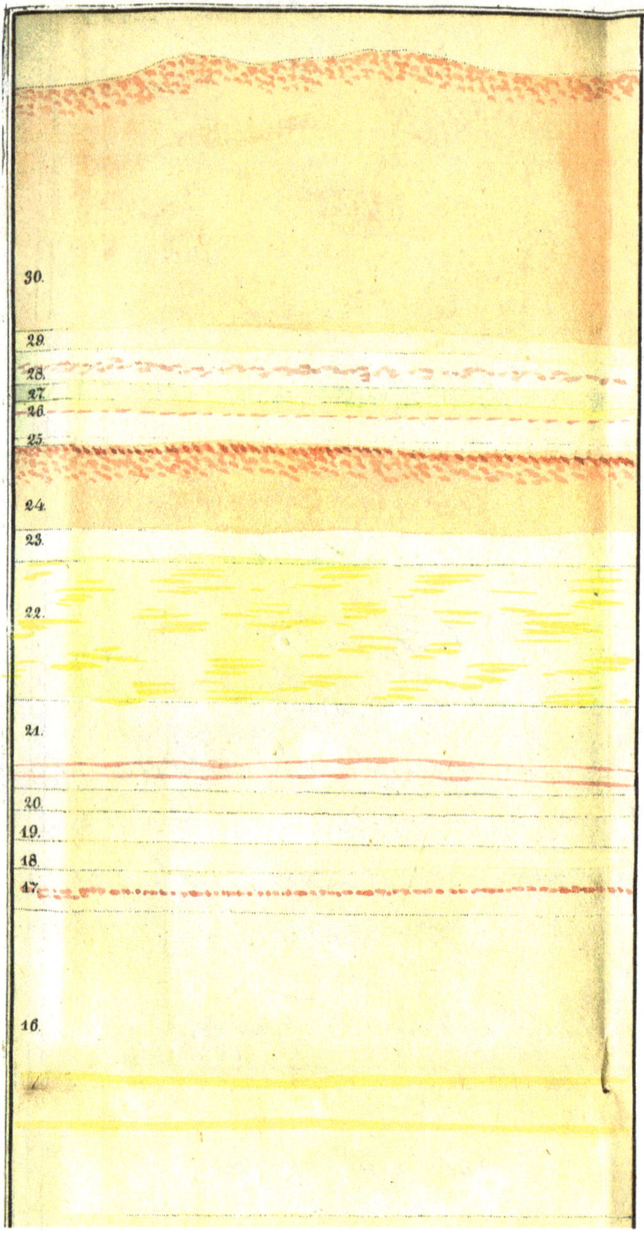

30. S
ro
29. Ge
28. A
27. Gr
26. G
25. Sc
24. U
Dr
23. De
m
22. Gr
zo
21. Sc
vo
20. M
19. W
18. M
17. Kr
Pl
16. D
se
H

Durchschnitt des Montmartre.

ndstein mit Univalven und Bivalven. Diese Masse hat mit der
zusammen 28 bis 30 Metres Mächtigkeit. (l. 1.)

er thoniger Sand.

rcheinander liegender Austern. (l. 3)
efriger Mergel.
er Mergel, zuoberst gelblich, voll Univalven u. Bivalven, auch Glossopetern (l. 5)
lage. (l. 6)

ich und bläulich grauschiefrige Mergellage mit Univalven und Bivalven
grauer derber erdiger Mergel voll Univ. und Biv. Nester von Gyps.
der mit festem und zerreiblichem weissem Mergel und Klebschiefer
Streifen von kalkigem Sande enthält.

r Mergel, sehr klüftig, von Fraueneis in allen Richtungen durch-
s mächtig. (l. 18.)

nlicher Mergel, unten Cythereen, Ceriten, Spirorben (?) Höher eine Lage
em Strontian, über dieser flache Cythereen, Ceriten (?) und Spirorben (?). (l. 19)

(Fehlt in Pantin und Belleville.) (l. 20.)
nicht grün und ohne Versteinerungen.
(Fehlt bei Pantin und Belleville.)
Mergel, etwas porös, nach unten grünlich, Univalven. Bei Pantin
l Lymneen. (l. 23.)

gelblich grauer Mergel, Gyps und stängliche Fraueneislagen abwech-
nach Br. versteinerter Palmbaum und Fischversteinerungen. (l. 24–26.)
e erste Masse der Franzosen.

15. Gy
be
zu
14.
T
a
fe
13.
12. S
11.
10. G
9. S
8. G
7 G
6
5 G
4. G
n
3. B
2. G
r
1.

Theil kalkhaltig. Feuersteine und Knochen von Vögeln und vierfüs-
auch nach Br. Cyclostoma mumia in ihm. Haute masse, welche
masse gehört. 15 bis 20 Metres mächtig. (I. 16. a–z.)

schiefriger und dichter grünlich und gelblich grauer Mergel, zum
ulich grauen Flecken und voll kleiner Gypslinsen, durchflechten ein
gehört d. pierre à detacher (Souchet II. 8.) in welcher nach Br. schwe-
tian und Fischversteinerungen.

rreiblich wie sandig.

d dichter Mergel. Enthält menilitartige Bildungen bei Argenteuil.

aueneis und Mergel Gyps abwechselnd.

Mergel mit ockergelben Flecken; darinn Fraueneishaltiger Klebschiefer.
aueneis, zuoberst Gyps.

gel durchflochten.

glichem Fraueneis wechselnd.

steinerungen.
obern Schichtungskluft Fraueneislinsen.

Mergel mit Rosengyps, Meermuscheln, Gräten, und Mergelpyra-
ite 165.) (III. 18.)

d Gyps einander durchflechtend.

er Mergel mit Meermuscheln, zum Theil mit Gyps gemengt. Unten zer
oben zu hart. (III 25 27 incl.)
Mergel und feine Streifen Fraueneis.

MIX
Papier | Fördert gute Waldnutzung
FSC® C083411

Zeitfracht Medien GmbH
Ferdinand-Jühlke-Straße 7
99095 Erfurt, Deutschland
produktsicherheit@kolibri360.de